ARBRES
et
PLANTES FORESTIÈRES
DU QUÉBEC ET DES MARITIMES

Du même auteur dans la même collection :

Découvrir les oiseaux du Québec et des Maritimes : guide d'initiation

ARBRES
et
PLANTES FORESTIÈRES
DU QUÉBEC ET DES MARITIMES

Michel Leboeuf

ÉDITIONS
MICHEL
QUINTIN

Catalogage avant publication de Bibliothèque et Archives Canada

Leboeuf, Michel, 1962-

Arbres et plantes forestières du Québec et des Maritimes

(Guides nature Quintin)
Comprend des réf. bibliogr. et un index.

ISBN 978-2-89435-331-8

1. Flore forestière - Québec (Province) - Identification. 2. Flore forestière - Provinces maritimes - Identification. 3. Arbres - Canada - Identification. 4. Écologie forestière - Canada. 5. Flore forestière - Canada - Ouvrages illustrés. I. Titre. II. Collection.

QK203.Q8L42 2007 581.7'309714 C2006-941978-7

Édition : Johanne Ménard
Révision linguistique : Serge Gagné
Conception graphique : Ruth Pelletier
Mise en page : Domino Design Communications
Illustrations : Marthe Boisjoly

Québec
Patrimoine canadien Canadian Heritage

Gouvernement du Québec – Programme de crédit d'impôt pour l'édition de livres – Gestion SODEC

Les Éditions Michel Quintin bénéficient du soutien financier de la SODEC et du gouvernement du Canada par l'entremise du Programme d'aide au développement de l'industrie de l'édition (PADIÉ) pour leurs activités d'édition.

ISBN 978-2-89435-331-8

Dépôt légal – Bibliothèque et Archives du Québec, 2006
Bibliothèque et Archives Canada, 2006

C.P. 340
Waterloo (Québec)
Canada J0E 2N0
Tél.: (450) 539-3774
Téléc.: (450) 539-4905
www.editionsmichelquintin.ca

Imprimé en Chine

À Roméo, mon père,
qui le premier m'a appris à
jouer dans les bois.

Remerciements

Un grand merci aux personnes suivantes qui ont contribué, de près ou de loin, à la réalisation de cet ouvrage : Benoît Arsenault, réviseur et webmestre au Service canadien des forêts ; Marthe Boisjoly, illustratrice ; Laurent Brisson, pour son coup de main dans l'identification des saules, un groupe taxonomique difficile ; Robert Brisson, biologiste au parc de la Rivière-des-Mille-Îles ; Marie-Andrée Camirand, agente de marketing au Jardin botanique de Montréal ; Catherine Carmody, chef des publications scientifiques et techniques au Service canadien des forêts ; Serge Gagné, réviseur linguistique, qui a également collaboré au glossaire de l'ouvrage ; François Gros d'Aillon, compagnon d'excursion, qui m'a grandement aidé à dénicher plusieurs des espèces traitées dans la seconde partie ; Michel Labrecque, conservateur du Jardin botanique de Montréal ; Luc Lauzon, coordonnateur du CEF (Centre d'étude de la forêt) ; Johanne Ménard, éditrice aux Éditions Michel Quintin ; Michel Quintin, éditeur ; Anca Sultana, compagne d'expédition.

Je tiens à remercier particulièrement Daniel Gagnon, professeur au Département des sciences biologiques de l'Université du Québec à Montréal et membre du CEF, de même qu'André Sabourin, botaniste, qui ont relu et annoté respectivement les première et deuxième parties du manuscrit original. Leur aide, fort précieuse, nous permet d'offrir au lecteur un ouvrage que nous espérons le plus exact et le plus à jour possible quant à son contenu scientifique.

Origine des figures

p. 21 : adaptée de Klenholz (1934) dans Kramer et Kozlowski (1960).

p. 48 : inspirée de Barnes *et al.* (1980).

p. 54 : adaptée de Saucier *et al.* (1998).

Crédits photographiques

Toutes les photos apparaissant dans l'ouvrage sont de l'auteur, sauf les suivantes :

p. 167, photo 3 (disamare de l'érable rouge) : *Les Arbres du Canada*, Ressources naturelles Canada, Service canadien des forêts/Fides, 1996. Reproduit avec la permission du Ministre des Travaux publics et Services gouvernementaux, 2006.

p. 177, photo 3 (samare du frêne noir) : *Les Arbres du Canada*, Ressources naturelles Canada, Service canadien des forêts/Fides, 1996. Reproduit avec la permission du Ministre des Travaux publics et Services gouvernementaux, 2006.

p. 232 (épilobe à feuilles étroites) : Roger Belle-Isle.

p. 271, photo en médaillon (fleur de la pyrole à feuille d'asaret) : Laurent Brisson.

TABLE DES MATIÈRES

Mot de l'éditeur

Sur les traces du coureur des bois

Ouvrir un livre sur les arbres, c'est un peu comme pénétrer dans une forêt : une impression de plénitude nous gagne et nous sommes envahis par un sentiment d'admiration pour ces vénérables êtres vivants qui demeurent, contre vents et marées, les grandes sentinelles de nos bois.

Contrairement aux animaux, les arbres ne peuvent pas se déplacer pour améliorer leur sort ; ils doivent donc composer avec l'environnement qui les a vus naître, s'y faire une place au soleil, trouver de quoi se nourrir et s'y reproduire. L'écologie des forêts est une discipline fascinante qui fait appel à bien des connaissances. Et lorsqu'un éditeur trouve l'auteur non seulement capable de maîtriser un tel sujet, mais aussi de le vulgariser dans un style clair et concis, il ne peut qu'être fier du résultat. Vulgarisateur chevronné, Michel Leboeuf a collaboré à plusieurs ouvrages parus aux Éditions Michel Quintin, et rédigé plusieurs dizaines d'articles parus dans des magazines de sciences naturelles. Détenteur d'une double formation (baccalauréat en communications et maîtrise en biologie), il a en outre travaillé au sein du Groupe de recherche en écologie forestière interuniversitaire (maintenant appelé le Centre d'étude sur la forêt) où il s'est intéressé, et s'intéresse toujours, aux dynamiques écologiques propres à la forêt boréale.

Arbres et plantes forestières du Québec et des Maritimes est le premier ouvrage offrant aux lecteurs **à la fois** un tour d'horizon de l'écologie des forêts de l'est du Canada et des fiches techniques sur tous les arbres indigènes de nos régions. On y retrouve aussi plus de 150 plantes forestières parmi les plus fréquentes (arbustes, plantes herbacées, fougères, prêles, lycopodes). L'ouvrage contient une foule d'informations intéressantes sur l'écologie de nos bois, enfin accessibles au grand public : qu'est-ce qui fait pousser la forêt ? comment se régénèrent nos forêts ? comment se distribuent-elles au Québec et dans les Maritimes ?

Comme jadis le coureur des bois, laissez-vous séduire par l'appel de la forêt.

Michel Quintin
Éditeur

Préface

J'ai tant de souvenirs marqués par des images d'arbres accumulées au fil de ma vie. Certaines me viennent de la canopée du Gabon sur laquelle j'ai dormi à bord du Radeau des cimes de Francis Hallé, bercé par les vagues de l'océan vert. D'autres, d'une marche dans la forêt californienne parmi les *Sequoias sempervirens*, dominants dans leur milieu et vieux de mille ans. J'ai ainsi développé, comme plusieurs, une grande sensibilité à l'égard de l'arbre.

Mais voilà que partout de par le monde les forêts sont envahies, coupées, détruites. Sous les tropiques, on brûle chaque jour des hectares de forêts pour y mettre à nu la terre qui, bien souvent, quelques années plus tard, devient sèche et inculte. Chez nous, l'acharnement des sociétés forestières à prélever le bois, de plus en plus loin, de plus en plus bonzaïs, est de plus en plus ridicule. Partout le royaume de l'arbre est menacé. Ainsi, Félix-Antoine Savard avait raison :

« Mais un arbre mutilé, m'annonce comme un prophète les barbaries futures. » (Aux marges du silence, Éditions Garneau*)*

C'est Pierre Dansereau, le grand écologiste, qui nous enseignait l'importance d'apprendre à nommer les choses, les poissons, les insectes, les oiseaux : tu aimeras mieux ce que tu connais et reconnais. Et la forêt et ses arbres ont plus que jamais besoin d'être connus et aimés. C'est pourquoi les ouvrages comme celui de Michel Leboeuf sont si importants. Du général au particulier, Leboeuf nous fait découvrir dans son livre, destiné tant aux experts qu'au grand public, la diversité floristique et le fonctionnement des écosystèmes forestiers de l'est du Canada. Un livre d'une grande richesse qui comporte une juste dose d'information scientifique et technique accessible, bien vulgarisée et bien appuyée par l'image qui permettra de mieux connaître l'arbre, de mieux l'aimer. Et, faut-il espérer, de nous éviter les barbaries…

Un week-end de septembre, une pluie froide tombait. Septembre déjà. Je transplantais de jeunes érables à sucre de l'endroit où ils avaient spontanément germé pour les mettre où, j'espérais, ils trouveraient plus de ressources pour grandir. Je plantais des arbres comme pour chasser mes idées, comme pour sentir la vie reprendre, comme pour faire le bon geste, faire du bien. J'ai regardé longtemps par la suite mes quelques arbres dans leur nouvelle terre. Ils avaient l'air heureux. Je l'étais.

Michel Labrecque
Conservateur
Jardin botanique de Montréal

Introduction

Les forêts du Québec et des Maritimes : mosaïque de diversité

De la jeune futaie de peupliers frémissants à la vieille forêt mystérieuse de conifères ; de la pinède sèche des basses terres d'Abitibi à la sapinière humide des Maritimes ; de la riche érablière de la vallée du Saint-Laurent à la taïga nordique, rude et froide : le Québec et les Maritimes sont riches de forêts, des forêts d'une surprenante diversité. Sur ce grand territoire, la végétation forestière change non seulement du sud vers le nord, mais aussi d'ouest en est. Il en est des forêts comme des personnes ; chacune possède sa propre histoire, sa propre personnalité.

Chaque forêt possède sa propre histoire : l'agencement des essences qui la composent est parfois le reflet de grandes perturbations – qui remontent à 50, 100, voire 300 ans (incendies forestiers, épidémies d'insectes) ; parfois le reflet de toutes petites survenues l'année précédente – qu'un seul vieil arbre vienne à tomber et la trouée de lumière dans la voûte permettra à toute une légion de jeunes semis de s'élancer vers le ciel. Le sol de chaque forêt aussi a une longue histoire : l'assise rocheuse ancienne, qui structure le paysage du Québec et des Maritimes, est recouverte de dépôts meubles en surface, laissés par le dernier glacier qui se retira il y a 15 000 à 18 000 ans.

Chaque forêt possède sa propre personnalité : qu'une forêt se trouve au nord, au sud, à l'est ou à l'ouest, qu'elle ait ou non les pieds dans l'eau, qu'elle se soit installée au fond d'une vallée, sur un cap rocheux, aux abords d'une tourbière ou sur les flancs d'une montagne ; tout cela concourt à façonner la composition de sa communauté végétale – et animale. Chaque forêt possède son propre caractère : arbres, arbustes, plantes herbacées, fougères, prêles, lycopodes, mousses et lichens forgent des alliances avec des espèces compagnes ou s'engagent dans des rivalités avec d'autres pour intercepter la lumière ou monopoliser les éléments nutritifs contenus dans le sol. Cette dynamique engendre une mosaïque forestière complexe, fascinante.

Le présent ouvrage a pour double objectif de vous faire apprécier l'immense diversité des communautés forestières du Québec et des Maritimes et de vous permettre d'identifier tous les arbres qu'on y retrouve, de même que les autres végétaux (arbustes, plantes herbacées, fougères, etc.), parmi les plus faciles à observer et à reconnaître.

La première partie du guide propose un tour d'horizon des facteurs physiques de l'environnement (climat, géologie, sols, relief) qui délimitent les domaines forestiers du Québec et des Maritimes (chapitre 1). On y traite également de la dynamique forestière, c'est-à-dire des mécanismes qui permettent à la forêt de se maintenir et se régénérer (chapitre 2). Les grandes zones de végétation naturelle (érablières, sapinières, pessières, forêts acadiennes) sont ensuite présentées (chapitre 3). Un survol de l'évolution et de la classification des plantes (chapitre 4) complète cette section.

La seconde partie brosse le portrait de 200 espèces forestières. Une description des principaux critères d'identification, de même que des textes sur la répartition et l'habitat accompagnent la ou les photos de chaque plante.

Du fait que l'arbre est l'organisme vivant le plus visible de la forêt – et de manière à offrir au lecteur une liste des plus complètes, nous avons choisi d'inclure dans l'ouvrage toutes les essences d'arbres indigènes du Québec et des Maritimes, même les moins fréquentes (comme l'orme liège) ou celles dont la répartition est plus restreinte (le genévrier de Virginie ou le pin rigide, par exemple).

Quant au choix des autres végétaux de la flore forestière à présenter dans un guide de terrain (tâche ardue puisque plusieurs milliers d'espèces d'arbustes, de plantes herbacées ou

de fougères trouvent refuge sous le couvert des arbres dans les forêts de nos régions), celui-ci a été déterminé en fonction des probabilités élevées d'observation de ces espèces, de leur facilité d'identification et du fait qu'elles sont typiques des habitats forestiers naturels décrits dans la première partie de l'ouvrage.

À elles seules, les forêts couvrent près de la moitié de la superficie du Québec (quelque 750 300 km^2) ; dans les Maritimes, elles s'étendent sur 91 290 km^2, plus de 75 % du territoire. Partez à leur découverte ! Que ce guide soit à la fois livre de chevet et compagnon d'excursion, que ses pages soient maculées de boue, que sa couverture soit abîmée, élimée : vous pourrez alors dire qu'il aura été vraiment utile.

Et malgré tous les renseignements que cet ouvrage contient, malgré l'avancée des connaissances en écologie forestière, même si nous en apprenons chaque jour davantage, vous réaliserez bien vite que nous en savons pourtant fort peu sur ce qui se trame au fond des bois. Et c'est tant mieux… Qui voudrait marcher dans une forêt dont on a percé tous les mystères ?

Première partie

Écologie des forêts du Québec et des Maritimes

1 Qu'est-ce qui fait pousser la forêt ?

Les facteurs physiques

Quatre facteurs physiques permettent d'expliquer, en grande partie, la distribution de la végétation forestière au Québec et dans les Maritimes : le climat (température et précipitations), la géologie, le sol et le relief.

Le climat

Le climat est le facteur le plus déterminant en ce qui a trait à la distribution de la végétation forestière. Sous nos latitudes, deux éléments climatiques – la température et les précipitations (pluie, neige, bruine, etc.) – façonnent en premier lieu les communautés forestières.

La température

En raison de l'étendue du territoire (nos forêts s'étalent entre 44 et 56 degrés de latitude nord), notre climat est d'abord fortement marqué, du sud vers le nord, par des différences importantes de température. Il faut se rappeler que le rayonnement solaire qui parvient à la surface de la terre varie selon la latitude et fait varier à son tour la température moyenne annuelle : à l'équateur, les rayons du soleil frappent la surface terrestre perpendiculairement. Ces rayons sont toutefois de plus en plus obliques, et de moins en moins puissants, à mesure que l'on s'en éloigne. Pour chaque mètre carré de surface terrestre, l'énergie disponible pour les organismes vivants – et pour leur croissance – diminue à mesure que l'on se dirige vers les pôles, ce qui entraîne une réduction de la diversité des végétaux, des champignons, des microorganismes, des invertébrés et des vertébrés. Dans la communauté forestière, c'est toute la chaîne

de la vie qui subit l'influence de la latitude. Dans nos régions, la température moyenne annuelle diminue d'environ 1 °C à chaque degré de latitude vers le nord.

Tandis que la température moyenne tend à diminuer en direction des pôles, la différence entre les valeurs extrêmes de température entre l'hiver et l'été, elle, tend à augmenter (le climat en dents de scie des forêts tempérées et boréales). À partir des latitudes tempérées, la croissance est interrompue par le gel hivernal. Et plus l'on se dirige vers le nord, plus le gel est hâtif et prolongé. Certaines espèces, abondantes dans le Sud, ne réussiront pas à s'implanter dans des régions plus septentrionales, du fait qu'elles ne peuvent plus compter – à seulement quelques degrés de latitude plus au nord – sur le nombre de jours nécessaire chaque année pour assurer leur reproduction ou même leur croissance (la saison de croissance correspond au nombre de jours consécutifs compris entre le dernier gel printanier et le premier gel automnal).

Entre les 45e et 46e parallèles, dans les érablières du sud-ouest du Québec, la température annuelle moyenne est de 5 à 7 °C, et le nombre de jours de croissance est de 190 à 200 en moyenne par année : on y dénombre 46 espèces d'arbres indigènes. Entre les 52e et 56e parallèles, dans les forêts d'épinettes noires à lichens (ou taïga), la température annuelle moyenne est de -5 à -2,5 °C, et le nombre moyen de jours de croissance est de 100 à 140 jours par année : on n'y retrouve que huit espèces d'arbres.

Dormance et croissance

Le rythme saisonnier, qui engendre des écarts marqués de température et des variations dans la durée du jour et de la nuit, dicte le métabolisme général des arbres. À l'automne, la réduction journalière du nombre d'heures d'éclairement amorce le cycle de dormance (la période de ralentissement et d'arrêt de croissance) et la chute des feuilles des arbres décidus. Sans période de dormance, les feuillus des forêts tempérées et nordiques subiraient les effets d'un manque chronique d'eau et d'un climat trop froid pour permettre la photosynthèse. La durée de la période de dormance est déterminée par l'accumulation d'un certain nombre de jours de temps froid (de 60 à 90) durant la saison hivernale; tant que ce seuil n'est pas atteint, l'arbre poursuit sa dormance (cela lui évite par exemple de « s'éveiller » lors d'un redoux en février puis de mourir de gel par la suite). La hausse des températures au printemps marque la fin de la dormance et annonce le début de la saison de croissance. Durant celle-ci, différentes parties de l'arbre vont croître selon les mois. Un jeune pin blanc de dix ans consacrera beaucoup d'énergie à allonger sa tige principale au printemps (mai et juin), à agrandir le diamètre de son tronc au cours de l'été (juin, juillet et août), puis à développer son réseau de racines à l'approche de l'automne (août et septembre).

Croissance saisonnière du pin blanc

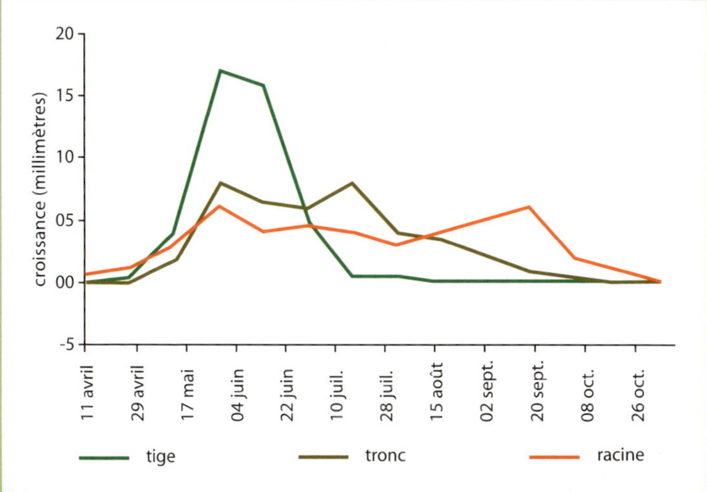

Température et photosynthèse

La photosynthèse est un phénomène chimique par lequel les plantes utilisent l'énergie du soleil, de l'eau et du dioxyde de carbone (CO_2) pour produire des molécules de sucre qui serviront ensuite de source d'énergie afin de métaboliser ou de produire des composés essentiels à la survie et à la croissance. La température joue un rôle considérable dans le processus. Il existe une température optimale moyenne où la photosynthèse est la plus efficace, toutes espèces confondues : entre 15 et 25 °C. Par temps froid, la photosynthèse est plus lente et la croissance, ralentie (la photosynthèse fonctionne jusqu'à 5 °C en général, mais certains végétaux, dont une bonne proportion de conifères, peuvent la réaliser sous le point de congélation, soit jusque vers – 8 °C environ). À l'inverse, lorsque le temps est plus chaud, la plante devra utiliser plus d'énergie pour évacuer le surplus de chaleur. Adaptées à leur milieu, les espèces ne sont pas toutes égales à ce chapitre. Ainsi, la température optimale pour la photosynthèse des chênes – espèces des forêts tempérées – sera plus élevée que celle propre aux espèces nordiques comme les épinettes ou le mélèze.

Arbre, transpire, et je te dirai qui tu es

Contrairement aux animaux, qui sont mobiles, les plantes ne peuvent pas se déplacer pour modifier les conditions environnementales qu'elles doivent subir : un arbre accablé de chaleur sous un soleil ardent ne peut pas se mettre à l'ombre. Pour évacuer le surplus de radiation solaire qu'ils reçoivent, les végétaux transpirent (ils libèrent le surplus de chaleur en émettant de la vapeur d'eau : l'énergie est dissipée lors du passage de la phase aqueuse à la phase gazeuse). Le taux de transpiration varie selon les espèces et en fonction du climat.

La différence importante entre la quantité d'énergie solaire reçue à l'équateur et celle qui est enregistrée dans les deux hémisphères est responsable des écarts de pression atmosphérique entre les grandes zones climatiques du globe. De grandes masses d'air chaud ou froid entrent en mouvement sous l'effet de la rotation de la terre et génèrent des patrons de vents dominants à différentes latitudes. Dans le nord-est de l'Amérique du Nord, les vents dominants soufflent de l'ouest. Les mouvements des masses d'air chaud et froid – et les vents qui les accompagnent – vont, à leur tour, influencer la distribution des précipitations.

Les précipitations

Le régime annuel des précipitations (pluie, neige, rosée, bruine ou brouillard) d'une forêt – soit la quantité d'eau dont elle peut bénéficier en une année – dicte aussi la composition de sa communauté végétale, car les espèces ont chacune des exigences particulières quant à l'apport d'eau. Le régime des précipitations du Québec change selon que l'on se trouve au sud, au nord, à l'ouest ou à l'est.

Entre 44 et 56 degrés de latitude nord, de façon générale, les précipitations diminuent au fur et à mesure que l'on monte vers le pôle. Si, dans les érablières du sud-ouest du Québec, la moyenne annuelle des précipitations oscille entre 900 et 1 000 millimètres (mm), elle n'est plus que de 500 à 800 mm dans les forêts d'épinettes noires à lichens du Nord-Ouest.

Les végétaux des forêts du sud du Québec bénéficieraient-ils donc de plus d'humidité pour croître ? On serait porté à le croire. Mais ce n'est pas si simple. Pourquoi ? Parce que température et humidité sont étroitement liées. Une température plus élevée s'accompagne d'un plus haut taux d'évaporation. Lorsque la température diminue, il y diminution de la capacité de l'air à contenir de la

vapeur d'eau. Par conséquent, même si elles reçoivent moins de précipitations, les forêts nordiques disposent paradoxalement de plus d'humidité que les forêts du Sud, parce que la température moyenne plus basse ralentit l'évaporation de la vapeur d'eau dans l'air. Mais cela n'est valable que pour les mois sans gel. La chute des températures en forêt boréale entraîne un gel prolongé du sol durant les mois d'hiver et réduit la quantité d'eau disponible pour les conifères. Ceux-ci ont toutefois trouvé moyen de s'adapter à ce déficit chronique et périodique en eau : grâce à leurs aiguilles, dotées d'une membrane externe cireuse empêchant de trop grandes pertes d'humidité, pins, sapin et épinettes transpirent moins que les feuillus. La couche de cire des aiguilles des conifères protège ceux-ci des vents desséchants, évite leur déshydratation et leur permet de

Plus sec dans l'Ouest, plus humide dans l'Est

Les sapinières à bouleau blanc de l'ouest du Québec reçoivent de 800 à 1000 mm de précipitations annuellement, alors que celles situées dans l'Est en reçoivent de 900 à 1 300 mm. En forêt acadienne, dans l'ensemble des trois provinces maritimes, on enregistre des précipitations annuelles de l'ordre de 900 à 1 400 mm à l'intérieur des terres, davantage près des côtes.

Précipitations comparées

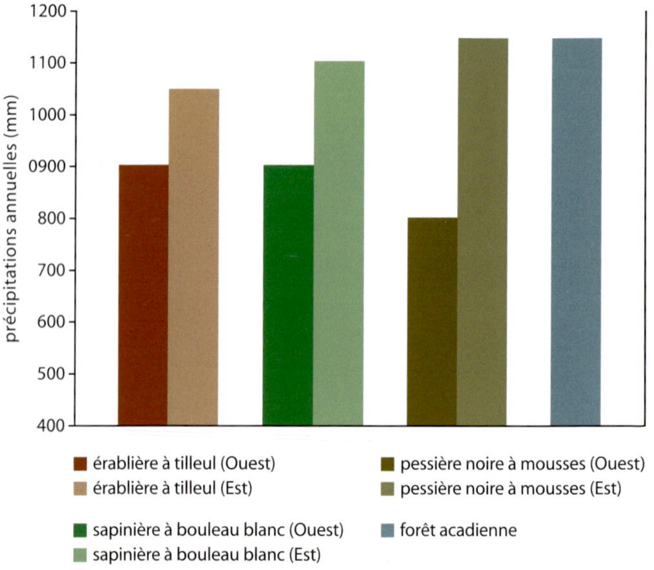

poursuivre la photosynthèse même en hiver, jusqu'à une température de –8 °C environ.

Par ailleurs, les précipitations augmentent d'ouest en est. En effet, de la frontière de l'Ontario au golfe du Saint-Laurent, on observe un accroissement général des précipitations. Dans l'Ouest, règne un climat continental, plus sec, avec des écarts marqués de température entre l'été et l'hiver. La partie orientale du Québec et toutes les Maritimes subissent davantage l'influence du golfe et de la mer et donc, forcément, d'un climat où les chutes moyennes de pluie et de neige enregistrées annuellement sont plus considérables. Sous un climat maritime, les écarts de température sont moindres et les hivers généralement plus doux; la saison de croissance des végétaux tend à s'allonger légèrement. Brume et bruine côtières jouent un rôle non négligeable dans l'apport en eau des forêts côtières.

Cette différence dans les régimes des précipitations aura non seulement des conséquences importantes sur la composition de la végétation, mais aussi sur le type de perturbations subies par les forêts. C'est ainsi que les incendies forestiers, plus fréquents dans l'ouest du Québec, y modèleront davantage le paysage alors que dans l'Est, ce sont les épidémies d'insectes – notamment la tordeuse des bourgeons de l'épinette – qui contribueront le plus à façonner le visage des forêts.

Dans l'Ouest, dans les forêts d'épinettes noires à mousses, là où les conditions sont propices, le pin gris est, après l'épinette noire, l'essence la plus commune. Préférant s'installer au sec, sur des dépôts sablonneux, le pin gris a besoin de feux de forêts à intervalles réguliers pour faire ouvrir ses cônes et ainsi libérer les graines qui assureront sa succession. Sa proportion en forêt boréale diminue donc progressivement à mesure que l'on se dirige vers l'est. Il y sera remplacé par le sapin baumier, qui domine avec l'épinette noire les forêts d'épinettes plus humides de l'Est.

Par ailleurs, des conditions géomorphologiques, ou encore des caractéristiques du sol, font en sorte de modifier les taux d'humidité des sites d'une même région. Dans les érablières du sud-ouest du Québec, sur les flancs d'une douce colline, l'érable à sucre et le caryer cordiforme dominent les forêts moyennement humides, tandis qu'aux abords des rives marécageuses d'une rivière, l'érable argenté – qui aime avoir les pieds dans l'eau – y règne en maître absolu. Même phénomène dans les forêts d'épinettes noires à mousses où, sur les sommets rocheux, s'enracine le pin gris, tandis que sur les franges des tourbières s'alignent les mélèzes laricins. Les sections suivantes traitent du rôle de la géologie, des types de sols et du relief sur la composition des communautés forestières.

La géologie

Les régions du Québec et des Maritimes comprennent trois divisions géologiques : le Bouclier canadien, les Basses-Terres du Saint-Laurent et les Appalaches.

Toutes les régions du Québec situées au nord du contrefort des Laurentides appartiennent au Bouclier canadien, formé de roches datant du Précambrien (l'ère la plus ancienne des temps géologiques, qui remonte à plus de 600 millions d'années). Lorsqu'elles entrent dans la composition des sols, ces roches dures et plutôt acides engendrent un sol pauvre en éléments nutritifs, pierreux, et dont les plus fines particules sont constituées de sable. La forêt boréale québécoise se retrouve majoritairement sur le Bouclier canadien.

La plaine des Basses-Terres du Saint-Laurent est formée de roches datant des périodes du Cambrien et de l'Ordovicien, soit entre 540 et 440 millions d'années avant aujourd'hui. Ces roches sédimentaires (qui reposaient en couches au fond d'anciennes mers), composées notamment de calcaire, produisent des sols très riches en éléments nutritifs. Les sols les plus fertiles et les érablières les plus riches du Québec se retrouvent dans cette région.

Au sud du fleuve Saint-Laurent, de l'Estrie jusqu'à la Gaspésie, et sur toutes les provinces maritimes, s'étend la division des Appalaches, formée de roches datant du Cambrien au Carbonifère, entre 540 et 290 millions d'années avant aujourd'hui. Lorsqu'elles entrent dans la composition des sols, ces roches, moins acides et moins dures que celles du Bouclier canadien, engendrent un sol complexe, varié, alternant régions riches et régions pauvres, contenant de fines particules de limon plutôt que de sable. Les forêts de cette région, plutôt feuillues dans le Sud-Ouest (Estrie, Beauce), deviennent peu à peu dominées par les conifères dans le Nord-Est (Gaspésie) et par la forêt mixte acadienne dans les provinces maritimes.

Cette assise rocheuse ancienne, qui structure le paysage du Québec et des Maritimes, est recouverte de dépôts meubles en surface, là où s'enracinent les arbres et les autres végétaux de la forêt. L'épaisseur du sol au-dessus de la roche nue peut

varier entre quelques centimètres et plusieurs dizaines de mètres.

La nature et la répartition de ces dépôts de surface résultent des effets du retrait du dernier glacier – qui commença à fondre, à la faveur d'un réchauffement climatique, il y a 15 000 à 18 000 ans. Lors de sa dernière avancée, le glacier avait érodé la roche, avait arraché des matériaux divers et les avait transportés sur de longues distances. L'effet de rabot du glacier en expansion, puis son retrait et la fonte des eaux qui en résulta favorisèrent la création de dépôts meubles sur tout le territoire.

On estime qu'il y a 11 500 à 12 500 ans, le glacier s'était déjà retiré de l'extrême sud du Québec et des provinces maritimes. De gigantesques étendues d'eau, telles que la mer de Champlain (qui recouvrait la plaine du Saint-Laurent il y a 11 000 ans) et le lac Ojibway (recouvrant l'Abitibi vers 8 400 avant aujourd'hui), s'asséchèrent lentement, laissant en héritage de riches dépôts limoneux et argileux. Il y a 9 500 ans, toutes les régions du Québec au sud du Lac-Saint-Jean étaient à peu près libres de glace, et 4 000 ans avant aujourd'hui, les glaciers étaient disparus du nord du Québec.

La composition des dépôts de surface (argile, sable, limon, cailloux arrondis et angulaires, pierres de différentes tailles, etc.) varient selon l'action subie lors de la fonte du glacier et l'endroit où ils furent déposés. Ces dépôts sont ainsi de divers types : glaciaires, fluvioglaciaires, fluviatiles, lacustres, marins, etc.

Ces sols se sont ensuite modifiés avec le temps sous l'influence de divers facteurs : le climat, le drainage (la pente) du site, sa colonisation par des végétaux et des microorganismes, l'accumulation de matière organique, la lente altération des minéraux, le temps écoulé depuis la formation du dépôt, etc.

Le sol

Les végétaux forestiers ont besoin de cinq éléments fondamentaux pour croître et se multiplier : de l'énergie, du dioxyde de carbone (CO_2), un substrat poreux et meuble servant de support physique (le sol), de l'eau et des nutriments. Si les plantes puisent leur énergie de la lumière solaire et le CO_2 de l'atmosphère, ils sont dépendants du sol pour les trois autres éléments. Le sol constitue la fondation de l'écosystème forestier et joue un rôle capital dans la distribution et la diversité des plantes. Il fournit non seulement le support physique et l'eau, mais aussi l'azote, le phosphore, le potassium, le calcium, le magnésium et le soufre dont les végétaux forestiers ont notamment besoin.

Sous l'influence de la température, des précipitations, du relief et de l'action des plantes pionnières qui colonisent un site, le dépôt de surface se transforme progressivement. D'autres végétaux viendront par la suite s'y établir, lesquels seront suivis par d'autres encore, et d'autres encore, jusqu'à ce que la forêt finisse par prendre d'assaut le ciel, que sa voûte se referme presque complètement et que son sous-bois se couvre d'une pléiade d'espèces. Le sol de la forêt devient alors dynamique, vivant, riche des multiples interactions minérales, végétales et animales qui le nourrissent et l'animent.

Le type de végétation qui s'installe à la surface d'un sol contribue également à le caractériser. C'est ainsi que l'on retrouve plusieurs types de sols au Québec et dans les Maritimes, notamment les brunisols (majoritairement dans les forêts de feuillus) et les podzols (typiques de la forêt de conifères).

Dans la forêt feuillue du sud du Québec, presque tous les arbres perdent leurs feuilles chaque automne. Ces feuilles s'amoncellent, se décomposent et enrichissent le parterre forestier. La fertilité du sol est élevée. Une multitude d'invertébrés et de microorganismes s'activent pour décomposer, très rapidement, toute cette matière : des feuilles tombées à l'automne, il ne restera presque plus rien à la fin de l'été suivant. L'humus forestier (appelé mull) y est épais et riche. Dans les forêts nordiques d'épinettes noires matures, par contre, seules les aiguilles mortes des conifères tombent par terre. La décomposition est très lente, car le nombre d'organismes décomposeurs est infiniment plus faible (surtout des champignons). L'humus forestier (appelé mor) est mince, pauvre et acide. Toutefois, cette litière s'accumule au fil des ans, et seul un feu intense pourra la réduire en cendres.

Une coupe de profil dans les sols de ces deux types de forêt permet de constater les différences d'épaisseur, de texture ou de composition dans les multiples strates du sol (appelées aussi horizons par les spécialistes des sols). L'épaisseur de la couche de matière organique, par exemple, et la teneur en fer ou en argile des couches inférieures varieront selon le type de milieu forestier.

Le sol abrite une riche communauté d'organismes vivants (moisissures, bactéries, microorganismes, invertébrés, etc.) qui participent à la formation et à la régénération des matières organiques et des minéraux nécessaires à la continuité de la forêt.

La richesse animale du parterre des forêts est surprenante. Cette faune minuscule – la pédofaune – est différente selon les sols, mais quel qu'en soit le type, on retrouve partout une multitude d'espèces d'invertébrés (protozoaires, limaces, escargots, vers, araignées, acariens, centipèdes, millipèdes, coléoptères, etc.) qui s'activent dans les feuilles mortes, au pourtour des souches et des troncs renversés. En forêt boréale, on a recensé 64 espèces de collemboles, de minuscules arthropodes (les plus gros ont à peine 2 mm de longueur) qui se nourrissent de spores, de champignons et de matières en décomposition. C'est sans compter des centaines d'autres espèces tout aussi discrètes.

La microflore du sol est, elle aussi, riche et différente selon les types de forêts. Bactéries, algues et champignons s'activent dans les premières couches du parterre forestier. Le rôle des champignons dans le sol est par ailleurs déterminant pour les végétaux qui croissent à la surface. Plusieurs champignons vivent en association sur les racines et les radicelles des arbres, en prolongeant ainsi leur système de racines. Grâce à cette association, appelée mycorhize, la plante peut compter sur un réseau plus vaste et plus efficace pour capter l'eau du sol, pour prélever les nutriments et la protéger de certaines maladies. En retour, la plante fournit au champignon des sucres et d'autres substances organiques – telles des vitamines – nécessaires à sa croissance. Ce type d'association existe chez plusieurs conifères (les pins, les épinettes, le sapin, la pruche ou le mélèze) et certains feuillus

(les bouleaux, les chênes, les caryers, le hêtre et le tilleul).

D'autres champignons, invisibles à l'œil nu ceux-là, sont présents à l'intérieur même du système de racines de nombreux végétaux et plantes de sous-bois (plusieurs plantes herbacées et arbustes ; les fougères ; plusieurs feuillus : érables, frênes, ormes, cerisiers ; certains conifères comme le thuya, l'if ou les genévriers). Ils fournissent à la plante, par mutualisme, les mêmes services.

D'autres encore se sont associés exclusivement aux plantes de la famille des Éricacées (les bleuets, le lédon du Groenland, les kalmias, le rhododendron du Canada) et se sont ainsi adaptés à des sols organiques plus acides (abords des tourbières, des marécages et des marais) de manière à permettre à ces plantes d'extraire plus efficacement les éléments nutritifs de la matière organique peu décomposée.

Le relief

Gravir une montagne équivaut à faire un voyage de plusieurs centaines de kilomètres vers le nord : un randonneur qui fait l'ascension du mont Jacques-Cartier en Gaspésie (1 270 m), ou du mont Carleton, au Nouveau-Brunswick (817 m), gagnera l'équivalent d'un degré de latitude tous les 100 m environ. Si l'élévation a un effet sur le climat (du fait, par exemple, de la diminution de la température moyenne au fil de l'ascension ou de la présence de vents plus soutenus), l'altitude peut devenir un facteur limitatif, tout comme la latitude, pour l'établissement des végétaux forestiers,

notamment ceux qui se trouvent à la limite nord de leur aire de répartition.

L'élévation modifie la composition des essences dans les régions au relief montagneux : on trouve dans le nord de l'île du Cap-Breton (Nouvelle-Écosse), des vallées encaissées, abritées, baignant dans un climat océanique modéré où subsistent de riches peuplements de feuillus matures à l'extrême limite septentrionale de leur aire de répartition (érable à sucre, frêne blanc, ostryer de Virginie, hêtre à grandes feuilles), alors que tout près, sur les sommets des hautes terres, à quelque 500 m d'altitude, ne poussent que des conifères rabougris.

Mais l'élévation n'est qu'un des facteurs topographiques expliquant les changements dans la composition des essences. Car un paysage accidenté modifie aussi l'écoulement des eaux et fait varier les pentes, la composition du sol et l'exposition au soleil, ce qui en retour conditionne la composition floristique de la forêt et la structure de sa végétation.

Écoulement des eaux

Le degré d'inclinaison du flanc d'une montagne ou d'une colline détermine la vitesse de son drainage : plus la pente est abrupte, plus les eaux de ruissellement dévalent rapidement celle-ci. Ainsi, les sols du sommet des pentes sont secs. De tels sites, dits à drainage rapide, sont qualifiés de xériques dans la terminologie propre à l'écologie forestière. Les sommets de montagnes ou de collines, les crêtes rocheuses et les escarpements font partie des sites les plus xériques. Plusieurs essences d'arbres

s'établissent dans ces habitats secs: le pin gris, le hêtre à grandes feuilles, le chêne blanc.

À l'inverse, sous l'effet de l'écoulement des eaux provenant du haut de la pente, les dépressions sont plus humides. D'autres essences sont plus aptes à coloniser de tels sites, mal drainés, appelés hydriques: le mélèze laricin, le frêne noir, le frêne rouge.

Enfin, directement sur la pente, là où le drainage est généralement bon, où les végétaux disposent d'un apport supplémentaire d'éléments nutritifs ou de matière organique par l'écoulement modéré des eaux, bref là où, théoriquement, les conditions d'ensemble requises pour la croissance sont moyennes, s'installera une végétation forestière généralement plus diversifiée. De tels sites sont appelés mésiques. La cohorte d'arbres dominants qu'on retrouve à mi-pente caractérise – et sert à dénommer bien souvent – les grands domaines forestiers du Québec: c'est ainsi que le sapin baumier et le bouleau jaune dominent dans les forêts mésiques du domaine de la sapinière à bouleau jaune (voir chapitre 3).

Exposition au soleil

Dans l'hémisphère Nord, une pente orientée vers le sud bénéficie d'un plus grand rayonnement solaire qu'une pente faisant face au nord. Par conséquent, les températures du sol et de l'air sur le versant sud des collines et des montagnes sont plus élevées et l'air est moins humide. Cela est manifeste au printemps et à l'automne lorsque le parcours journalier du soleil dans le ciel est plus bas sur l'horizon. Par une journée ensoleillée de printemps, au moment le plus chaud du jour, la différence de température de l'air entre les versants sud et nord peut être supérieure à 10 °C, ce qui influence la floraison ou l'éclatement des bourgeons (qui peut être parfois retardé de quelques jours sur le versant nord). De telles différences peuvent parfois avoir un impact sur la présence ou l'absence d'espèces sur un versant ou un autre.

Forêts montagneuses : nuages et précipitations

À proximité de massifs montagneux, le vent horizontal qui se heurte à une paroi verticale engendre un mouvement de l'air vers le sommet. L'ascension forcée de l'air et son refroidissement rapide favorisent la formation de nuages et les précipitations. Les forêts montagneuses sur les flancs les plus exposés aux vents dominants sont plus humides et reçoivent moins de rayonnement solaire. Par ailleurs, par vent faible, durant une belle journée d'été, le flanc d'une montagne exposé au soleil génère une circulation thermique prévisible selon un cycle journalier : durant le jour, l'air réchauffé au bas de la pente tend à monter le long de la montagne ; le soir, l'air froid – plus lourd – prend le chemin inverse et redescend la pente.

Forêts des vallées continentales : chaudes le jour, froides la nuit

Au centre du Québec, loin des effets modérateurs du fleuve ou de la mer, les forêts établies dans les vallées subissent parfois les conséquences de cette brise de montagne. Si elles jouissent de la chaleur générée par le rayonnement solaire durant le jour, la nuit, l'air froid y « coule » vers le fond. Il arrive ainsi que la nuit, la température au fond d'une vallée soit plus basse que sur les flancs des montagnes qui l'entourent. Ce phénomène, appelé inversion thermique, se traduit parfois par une gelée tardive au printemps ou hâtive à la fin de l'été, dans tous les cas douloureuse pour certaines espèces. Au Québec, dans les régions à relief plus accidenté du domaine de l'érablière à bouleau jaune, on peut constater les effets de l'inversion thermique sur la composition des essences forestières en observant, notamment, la domination de l'érable à sucre en haut des pentes – laquelle espèce tend normalement à disparaître au fur et à mesure que l'on monte au nord ou que l'on atteint le sommet des montagnes (puisque l'altitude a le même effet que la latitude).

Quatre facteurs qui n'expliquent pas tout

Si le climat, la géologie, le sol et le relief expliquent bien des choses quant à la distribution et à l'abondance des végétaux forestiers, ces facteurs n'expliquent pas tout. Les multiples interactions entre les facteurs physiques, dynamiques et biologiques propres à la forêt, de même que l'histoire des événements perturbateurs qui l'ont affectée font en sorte qu'il est parfois difficile de bien comprendre comment elle s'est établie. Une chose est sûre : pour mieux l'interpréter, il faut aussi connaître son caractère dynamique, savoir comment elle se maintient et se régénère.

2

Comment se régénère la forêt ?

Les dynamiques forestières

La forêt est un écosystème dynamique, aussi vivant que les plantes et les animaux qui y habitent ; elle se modifie dans le temps et dans l'espace.

Dans le chapitre précédent, nous avons décrit le rôle des facteurs physiques de l'environnement sur l'établissement, la répartition géographique et la composition des forêts à une grande échelle. Nous verrons ici, à une plus petite échelle, comment se modifie une forêt dans le temps, comment et pourquoi s'y succèdent les essences forestières ; comment certaines espèces utilisent les événements perturbateurs qui se produiront inévitablement dans le cycle de vie naturel d'une forêt (incendies, épidémies d'insectes, verglas, chute d'arbres sous l'action du vent, etc.) pour se régénérer alors que d'autres disparaissent ; et comment, une fois parvenue à maturité, la forêt se maintient.

Les perturbations

Les conséquences des événements perturbateurs sur une forêt diffèrent selon l'étendue, la sévérité et la fréquence de ces événements : un incendie forestier majeur, brûlant tout sur son passage, laisse plus de séquelles sur la faune et la flore qu'un feu de surface qui ne consume

que les plantes herbacées et les arbustes. De même, un feu de retour sur un même site après un intervalle de 75 ans marque différemment le paysage forestier que s'il se produit de nouveau après 150 ans.

Nous, humains, avons souvent tendance à percevoir de tels événements comme des catastrophes (peut-être parce que, sur le plan strictement économique, ceux-ci représentent des pertes financières importantes pour l'industrie forestière et tous ceux qui vivent de la forêt), mais d'un point de vue écologique, il n'en est rien : incendies, épidémies d'insectes, chute d'arbres par l'action du vent (chablis) s'inscrivent dans le cours naturel des choses et entraînent le renouvellement des écosystèmes forestiers.

De façon générale, les perturbations à grande échelle des forêts plus nordiques – sapinières et pessières (forêts d'épinettes) – sont différentes et changent selon les conditions climatiques des régions : dans l'ouest du Québec, les forêts se renouvellent davantage par le biais d'incendies forestiers, et dans l'Est, par les épidémies d'insectes. Ces perturbations s'opèrent sur de vastes étendues et modifient radicalement le paysage forestier : les peuplements d'épinettes noires qui s'établiront suite au passage d'une épidémie ou d'un feu auront souvent un aspect uniforme puisque les arbres qui composent ces communautés se seront installés au même moment et auront donc à peu près tous le même âge.

Dans le sud du Québec toutefois, dans les domaines des érablières de la zone tempérée (érablière à caryer cordiforme, érablière à tilleul, érablière à bouleau jaune ; voir chapitre 3), les perturbations sont généralement moins sévères et se manifestent à une plus petite échelle (même si parfois des événements, comme le grand verglas de 1998

dans le sud-ouest du Québec, surviennent à une plus grande échelle). Ici, la forêt se régénère davantage localement, par des trouées causées par la chute des plus vieux arbres qui ouvrent la voûte arborescente et permettent à la lumière d'atteindre le sol en plus grande quantité. Il en résulte une mosaïque plus complexe d'âges, de structures et de hauteurs des arbres.

Dans l'Ouest, les feux

Les feux caractérisent la dynamique de renouvellement des forêts de l'ouest et du nord du Québec. La moyenne annuelle des précipitations y étant plus faible, celles-ci brûlent en général plus souvent, plus intensément et sur de plus grandes surfaces que dans l'est du Québec. Le passage du feu modifie en profondeur les propriétés chimiques et biologiques du parterre forestier. Il expose davantage le sol minéral, réduit la matière organique, libère des éléments nutritifs, modifie le pH de surface.

Mais la vie revient vite après un feu. Toute la matière altérée et décomposée à des degrés variables (chicots d'épinettes, troncs noircis tombés au sol, etc.) est une source de nourriture considérable pour certains insectes, qui accourent très tôt après le passage d'un incendie forestier, notamment les longicornes (*Cerambycidae*, ordre des Coléoptères), insectes foreurs dont les larves raffolent des tissus ligneux des arbres morts ou malades. Les arbres des grands brûlis sont tout sauf morts : ils grouillent littéralement de vie. À leur tour, des oiseaux excavateurs de cavités, tel le pic à dos noir, viennent nicher et se nourrir de cette manne d'insectes des brûlis ; on détecte dix fois plus de pics à dos noir dans les secteurs brûlés où abonde le longicorne noir que dans les secteurs épargnés par le feu.

Dans les grandes pessières du Nord, le pin gris et l'épinette noire, adaptés à ces feux à grande échelle, renaîtront des cendres. Les cônes du pin gris ont d'ailleurs besoin

d'une chaleur intense pour s'ouvrir et libérer leurs graines. Sans feu, un peuplement naturel de pins gris est condamné, lentement, à laisser sa place à d'autres essences ; ses semis sont intolérants à l'ombre.

Sur d'autres sites, des essences pionnières comme le peuplier faux-tremble et le bouleau blanc s'établiront bien vite après un feu. Puis, au fur et à mesure que le temps passera et que la lumière s'atténuera au sol par la fermeture de la voûte des arbres pionniers, ces essences seront remplacées par d'autres, plus tolérantes à l'ombre, qui attendent leur tour dans la fraîcheur du sous-bois.

Dans l'Est, les épidémies d'insectes

Dans l'est du Québec et les Maritimes, là où les précipitations annuelles sont plus importantes, les incendies de forêt tendent à devenir plus rares. Les écosystèmes forestiers sont dominés par une autre dynamique naturelle : celle des épidémies d'insectes. Il faut savoir que les infestations d'insectes dans les forêts sont cycliques et que leur durée et leur sévérité varient d'un cycle à l'autre en fonction de différents facteurs, comme le climat ou des agents naturels de contrôle des populations d'insectes (comme les oiseaux insectivores).

Parmi les insectes qui assaillent les forêts à intervalles réguliers, plusieurs se sont spécialisés. La chenille de la livrée des forêts (un petit papillon, *Malacosoma disstria*) raffole des feuilles du peuplier faux-tremble. La chenille d'un autre papillon, l'arpenteuse de la pruche (*Lambina fiscellaria*), s'attaque, elle, aux peuplements de sapins baumiers, de pruches et d'épinettes noires. La plus terrible infestation de l'arpenteuse de la pruche est survenue dans l'île d'Anticosti, où quelque 5 600 km^2

de forêts de sapins baumiers ont été défoliés entre 1931 et 1936. Mais la plus féroce dévoreuse est sans aucun doute la tordeuse des bourgeons de l'épinette. À intervalle d'environ 30 ans, cet autre petit papillon, *Choristoneura fumiferana*, assaille les conifères – et davantage le sapin baumier que les épinettes blanches ou noires. En dévorant les jeunes aiguilles des sapins matures (les aiguilles des sapins se renouvellent en moyenne tous les cinq ans), la chenille de la tordeuse empêche progressivement la photosynthèse, qui devient de moins en moins efficace, ce qui affaiblira l'arbre. Du fait qu'elle s'attaque aux arbres matures, la tordeuse favorisera – selon la sévérité de l'invasion – parfois les jeunes semis de sapins en accélérant l'établissement de la prochaine génération, parfois des feuillus de lumière comme le peuplier faux-tremble ou le bouleau blanc.

Dans le Sud, la chute des vieux arbres

Les forêts de feuillus du sud du Québec et des Maritimes se renouvellent à une plus petite échelle : par des ouvertures, des trouées de dimensions variables dans la voûte des arbres. Ces ouvertures sont le fait de la chute d'arbres, souvent les plus âgés, ou ceux atteints de maladies, qui tomberont par un jour de grand vent ou lors d'une tempête de verglas. Et si de faibles trouées favorisent les espèces tolérantes à l'ombre (l'érable à sucre et le hêtre à grandes feuilles, par exemple), les plus grosses trouées sont autant d'occasions pour des espèces modérément tolérantes à la lumière, comme le bouleau jaune, le frêne blanc ou le chêne rouge, de tirer avantage de la situation.

Dans les érablières du sud du Québec, environ 1 % du territoire est perturbé

chaque année par des trouées. Ce renouvellement des forêts décidues, moins prononcé que dans les sapinières et les pessières nordiques (et se déroulant sur de plus petites surfaces), donne un aspect général fort différent aux forêts du Sud : celles-ci sont davantage inéquiennes (ce qui signifie que les arbres qui composent les communautés forestières sont d'âges différents), alors que les forêts nordiques – surtout les pessières – sont davantage équiennes (les arbres de la communauté ont tous à peu près le même âge), en raison des fortes perturbations à grande échelle qu'elles subissent et qui entraînent la mort simultanée de centaines d'arbres.

La succession végétale

Quand un grand événement perturbateur survient dans une forêt parvenue à maturité, la quantité de lumière augmente sur le parterre forestier et le sol est perturbé. Toute la dynamique de la forêt change soudainement, ce qui offre des occasions de colonisation inespérées pour plusieurs espèces opportunistes qui cherchent à s'établir.

Suite à une perturbation, la forêt passera par plusieurs stades, représentés par des types de communautés différentes, jusqu'à ce qu'elle revienne progressivement à son état initial, au stade de maturité

Une forêt aussi perturbée par l'homme

C'est au fil de l'arrivée des premiers Européens qu'ont eu lieu les premières grandes pertes de forêts. Progressivement, tout le paysage des Maritimes et du sud du Québec s'est modifié en profondeur. Des essences d'une grande valeur économique (hêtres, chênes, pins blancs et pruches) ont tour à tour été récoltées. Parallèlement, on a défriché des dizaines de milliers d'hectares de forêts pour faire place à des pâturages et des terres agricoles. Aujourd'hui, les grandes pertes de forêts se déroulent plus au nord, au sein de la forêt boréale québécoise, là où se concentrent les activités de l'industrie forestière.

Si la forêt commerciale qui a été coupée repoussera (contrairement à ce qui s'est passé plus au sud, où les terres boisées ont été converties en terres agricoles ou en zones urbanisées), celle-ci sera néanmoins radicalement différente, radicalement plus jeune, que la forêt d'origine. Car les activités humaines laissent peu de place au hasard, et très peu de la forêt boréale en âge d'être récoltée (entre 80 et 100 ans) n'est épargnée. Les forêts aménagées perdront ainsi au fil du temps les caractéristiques des stades de développement plus avancés (voir l'encadré Importance des mosaïques d'âges dans la forêt boréale) et auront à peu près toutes un âge uniforme de 50, 60 ans ou 70 ans. Pourtant, plus du tiers des superficies naturelles de forêt boréale au Québec (37 %) dépassent 100 ans.

d'avant la perturbation. Ce passage en plusieurs stades de végétation s'appelle la succession. La séquence de recolonisation des différentes communautés de végétaux qui se succèderont sur un même site se déroulera selon un certain ordre chronologique. Voici un exemple simplifié du déroulement d'une succession typique menant à la réinstallation d'une forêt.

Au stade pionnier, dans les premières années suivant la perturbation, plantes herbacées et arbustes qui s'accommodent bien d'une lumière intense et d'un sol perturbé réussiront à s'installer. Verges d'or (genre *Solidago*) et framboisiers (genre *Rubus*) seront du nombre, ou encore l'épilobe à feuilles étroites (surtout après un feu). Puis viendront des arbustes, tels que l'aubépine (genre *Crataegus*) dans le domaine des forêts décidues et le noisetier à long bec dans celui de la forêt mélangée. Des essences de lumière et à croissance rapide, comme le cerisier de Pennsylvanie (genre *Prunus*) et de grands feuillus comme le bouleau blanc ou le peuplier faux-tremble (ou encore des conifères adaptés aux feux, comme le pin gris, si la perturbation en question était un incendie forestier) seront parmi les premiers à s'établir dans de tels habitats.

Au stade intermédiaire, ces premiers arbres installés auront suffisamment poussé pour créer un sous-bois frais, propice à l'installation d'espèces plus tolérantes à l'ombre – tels l'érable à sucre dans les forêts de feuillus et le sapin baumier dans les forêts plus nordiques. L'interaction entre les végétaux, le déclin des essences de lumière et la domination progressive des arbres plus tolérants à l'ombre altéreront les conditions du site (température, humidité, lumière, etc.). Au sol, la matière organique commencera à s'accumuler.

Au stade mature (ou climax), la voûte arborescente se sera complètement refermée. Les essences pionnières, intolérantes à l'ombre, auront fait place à des espèces de grande longévité, comme l'érable à sucre, le hêtre, la pruche, le bouleau jaune ou l'épinette blanche. La forêt gagnera en hauteur et en biomasse, et elle se renouvellera d'elle-même par de petites perturbations mineures: la chute d'un vieux bouleau jaune créera une trouée de lumière; de jeunes érables à sucre en profiteront pour s'installer; plus tard, un de ces plus vieux érables tombera, créant des conditions propices à l'installation d'un hêtre; celui-ci tombera aussi un jour sous le poids des ans, favorisant la croissance des jeunes bouleaux jaunes qui attendaient patiemment leur tour juste à côté... et ainsi de suite.

Suite à une perturbation majeure, le temps nécessaire pour qu'une forêt revienne à maturité est très variable, puisque cela dépend non seulement des facteurs physiques propres au site (climat, géologie, sol ou relief) précédemment évoqués et du type de forêt d'origine, mais aussi de la sévérité de la perturbation: par exemple, suite à une épidémie d'insectes tuant 10 % des arbres d'un peuplement, la forêt pourra revenir à son stade initial en moins de 75 ans, alors qu'après un feu intense ayant détruit plus de 50 % des arbres, celle-ci devra attendre plus de 200 ans avant d'atteindre de nouveau son stade d'avant la perturbation.

Les étages de végétation d'une forêt à maturité

La végétation d'une forêt mature est structurée verticalement en quatre étages. Chaque espèce qui se retrouve à l'un ou l'autre de ces étages tente par sa position dans la strate verticale d'intercepter le plus de lumière possible pour obtenir l'énergie nécessaire à son maintien et à sa reproduction.

De la voûte vers le sol, on retrouve : 1) la strate arborescente, là où, au sommet des arbres parvenus à maturité, le feuillage se déploie pour intercepter la lumière et forme alors une voûte fermée ou partiellement ouverte ; 2) la strate arbustive, là où arbustes et jeunes arbres en croissance cherchent à s'approprier la lumière qui traverse la voûte supérieure et pénètre dans le sous-bois ; 3) la strate herbacée, là où, près du sol, le peu de lumière qui y parvient favorise, tôt au printemps (avant que ne se développe le feuillage des strates arborescentes et arbustives), la croissance des plantes herbacées ; 4) la strate muscinale, au ras du sol, où s'étalent les sphaignes, les mousses et les lichens.

L'importance des mosaïques d'âges dans la forêt boréale

Écosystème forestier moins diversifié que la forêt tempérée, la forêt boréale doit compter sur une gamme de stades de développement (représentant plusieurs âges de peuplements) pour pouvoir offrir aux animaux qui la peuplent les différents habitats dont ils ont besoin.

Par exemple, les forêts d'épinettes noires d'Abitibi qui ont atteint la maturité (entre 75 et 100 ans) sont très denses. Elles constituent un habitat favorable à un cortège d'espèces animales, dont bon nombre d'oiseaux associés aux forêts boréales fermées (grive à dos olive, sittelle à poitrine rousse, mésange à tête brune, roitelet à couronne dorée, etc.).

Graduellement, alors que la mortalité des arbres les plus matures d'un peuplement augmente, la proportion d'arbres morts sur pied ou de ceux tombés au sol s'accroît aussi. Dans les forêts de 120 ans par exemple, la structure des étages se complexifie et forme un assemblage d'arbres matures encore vivants, de chicots, de troncs d'arbres morts sur le parterre. Cet habitat est largement bénéfique, entre autres pour certains pics (pic à dos noir, pic à dos rayé) et le grimpereau brun.

Dans les forêts de plus de 200 ans toutefois, la mortalité des arbres est telle que la voûte s'ouvre de façon importante. On assiste alors à l'envahissement des secteurs dégagés par une nouvelle cohorte d'espèces végétales. La structure de la très vieille forêt (200 ans) est ainsi très différente de celle de la forêt de 80 ou de 120 ans, et d'autres groupes d'oiseaux (paruline à calotte noire, junco ardoisé, bruant de Lincoln, moucherolle à côtés olive, etc.) la fréquentent assidûment pour s'y nourrir et s'y reproduire.

Dans la zone boréale, les forêts matures et les très vieilles forêts sont des habitats essentiels au maintien de plusieurs populations d'oiseaux forestiers. Mais l'intensive récolte de bois dans les forêts nordiques du Québec tend à faire disparaître ces peuplements matures ce qui, sur une longue échelle de temps, ne pourra être que néfaste pour les espèces qui y sont étroitement associées.

Les interactions

Globalement, les végétaux ont des exigences physiologiques de base similaires pour se maintenir et se reproduire, mais ils forment toutefois des assemblages d'espèces reconnaissables, des communautés forestières distinctes, comme l'érablière à bouleau jaune ou la sapinière à bouleau blanc. Pourquoi ?

On serait enclin à penser que cela s'explique par le fait que les végétaux qui s'établissent et se reproduisent au même endroit réagissent de la même manière sous un ensemble de conditions environnementales précises. Mais c'est plutôt, au contraire, parce qu'ils ont des réactions physiologiques différentes vis-à-vis de ces mêmes conditions environnementales, parce qu'ils se sont spécialisés au sein de cette communauté d'espèces particulière – et dans ce type d'habitat – pour faire face à la compétition et accaparer une part des ressources nécessaires à leur survie.

Si les végétaux sont en compétition pour l'utilisation des ressources, ils forgent aussi des alliances avec d'autres plantes ou animaux de leur communauté pour mieux les exploiter. Compétition, mutualisme et commensalisme sont les interactions les plus déterminantes de la forêt.

La compétition

Puisque les ressources que fournit la forêt (lumière, eau, nutriments, etc.) sont limitées et que les végétaux utilisent tous les mêmes ressources de base pour croître et se reproduire, ceux-ci doivent nécessairement entrer en compétition. Cette compétition entre les organismes vivants se déroule à deux échelles : entre les individus d'une même espèce (compétition intraspécifique) et entre les individus d'espèces différentes (compétition interspécifique).

Chez les végétaux, la compétition s'opère surtout pour l'utilisation

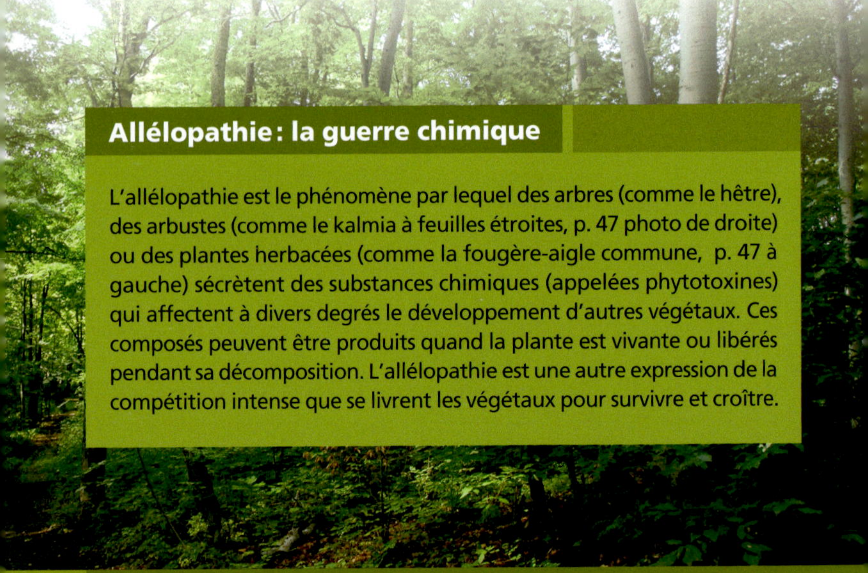

Allélopathie : la guerre chimique

L'allélopathie est le phénomène par lequel des arbres (comme le hêtre), des arbustes (comme le kalmia à feuilles étroites, p. 47 photo de droite) ou des plantes herbacées (comme la fougère-aigle commune, p. 47 à gauche) sécrètent des substances chimiques (appelées phytotoxines) qui affectent à divers degrés le développement d'autres végétaux. Ces composés peuvent être produits quand la plante est vivante ou libérés pendant sa décomposition. L'allélopathie est une autre expression de la compétition intense que se livrent les végétaux pour survivre et croître.

de la ressource la plus en demande. Ainsi, sur un site très sec, elle aura pour objet l'eau. C'est l'espèce la plus apte à capter l'eau dans le sol qui réussira, à long terme, à s'établir et à dominer. Selon la ressource qui sera la plus en demande, les végétaux seront alors des compétiteurs au niveau des racines (dans des sols pauvres en azote, la compétition sera davantage souterraine) ou du feuillage (sur un sol moyennement humide et riche en matières nutritives et en minéraux, la compétition sera davantage aérienne, chaque individu ou espèce cherchant à capter le plus de lumière possible pour croître davantage).

Si, sur un site aux ressources limitées, la compétition entre les végétaux d'une même espèce affecte directement les individus (selon l'intensité de la compétition, la croissance sera ralentie et la mortalité tendra même à augmenter), ce type de compétition n'entraîne que peu de changement dans la composition de la forêt (l'assemblage des espèces reste sensiblement le même).

Si la compétition au sein d'une même essence d'arbres n'a que peu d'effet sur la succession de la forêt, la compétition entre des arbres de différentes espèces modèle littéralement le visage de celle-ci au fil du temps, selon le patron de la succession.

Les essences pionnières, celles qui sont de bonnes colonisatrices (c'est-à-dire qui colonisent rapidement et efficacement un site après une perturbation, comme le peuplier faux-tremble, le bouleau blanc ou le cerisier de Pennsylvanie) sont souvent de piètres compétitrices.

Changement de visage

Au Michigan, on a étudié le changement graduel de la composition d'une forêt sur une période de 60 ans (de 1933 à 1993) en observant la surface occupée au sol par quelques essences parmi les plus communes. Toujours dominée par l'érable à sucre au fil des ans, la forêt change toutefois de visage à mesure que la proportion d'espèces de grande longévité (érable rouge et chêne rouge) augmente et que la proportion d'essences pionnières (bouleau blanc et peuplier à grandes dents) diminue.

Proportion des espèces en forêt

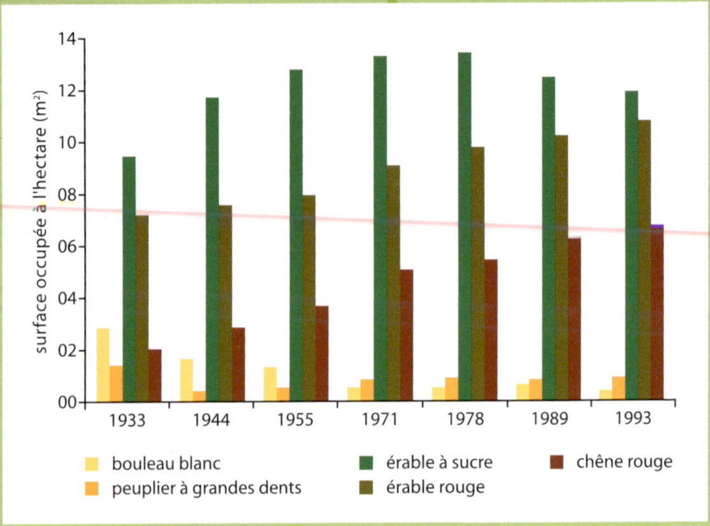

Ayant utilisé toutes leurs ressources pour une croissance rapide, explosive, elles ne peuvent soutenir à long terme la compétition d'espèces de grande longévité tels l'érable à sucre, le hêtre ou le bouleau jaune. Les jeunes pousses de ces essences, plus résistantes aux maladies, moins exigeantes en ressources, plus tolérantes à l'ombre, s'installent patiemment dans le sous-bois, en attendant que meurent et tombent les essences pionnières et qu'une trouée leur permette de grandir et d'accaparer les lieux.

Le mutualisme

Le mutualisme est un type d'interaction entre deux organismes où ceux-ci en retirent un avantage. De telles associations sont fréquentes entre les habitants d'une forêt : des champignons présents dans le sol s'associent aux arbres par mycorhize et prolongent leur système racinaire pour leur permettre de mieux capter l'eau et les nutriments; des bactéries s'associent à des arbustes (aulnes, comptonie voyageuse, myrique baumier, etc.) pour leur permettre de capter et de transformer l'azote contenu dans l'atmosphère.

Les végétaux forestiers se reproduisent de façon asexuée (par rejet de racines chez les trembles ou multiplication de rhizomes chez le framboisier, par exemple) ou sexuée. Pour assurer la réussite du cycle de reproduction sexuée, le mutualisme entre plantes et animaux (pollinisation des fleurs par les insectes ou dispersion des graines et des fruits par les oiseaux et les mammifères) est souvent indispensable.

Si c'est le vent qui transporte et disperse le pollen des conifères ou des bouleaux dans les forêts mixtes et boréales, c'est l'insecte qui est l'agent pollinisateur principal des arbustes et des plantes herbacées à fleurs. Plusieurs groupes d'insectes (principalement des hyménoptères, diptères, coléoptères et lépidoptères), attirés par l'odeur, la couleur, la taille ou l'apparence des fleurs, visitent les plantes herbacées du sous-bois de même qu'arbustes et arbres fleuris (amélanchiers, cornouillers, viornes, cerisiers, érables, tilleul).

Dans le cycle de vie de plusieurs essences d'arbres, la dispersion des graines par les animaux joue également un rôle essentiel. Oiseaux (grives, geais, gros-bec errant, becs-croisés, etc.) et mammifères (écureuils, tamias, souris, campagnols, etc.), attirés par les baies, les fruits matures (glands des chênes, brous des caryers, samares des frênes, etc.) ou les graines de cônes (pins, épinettes, sapin), s'en gavent. Fruits et graines, riches en nutriments, sont

le prix – coûteux en énergie – que la plante doit payer à l'animal pour se faire disperser. Dans une forêt, la « zoochorie » (l'aptitude développée par plusieurs plantes à utiliser les animaux pour la dissémination de leurs graines ou de leurs spores) contribue largement au maintien de la diversité végétale.

Certains oiseaux, friands de petits fruits, les avalent complètement (bleuets, fraises, framboises, canneberges) et transportent les graines – intactes – parfois très loin, assurant ainsi la colonisation de sites plus éloignés. D'autres encore (jaseurs et grives notamment) mangent la chair des fruits charnus et régurgitent parfois sur place ou un peu plus loin les graines plus grosses (cerisiers, tilleul, etc.), favorisant ainsi une persistance plus locale de la plante. D'autres enfin, tel le geai bleu, cachent des fruits (des glands de chênes par exemple) et les oublient – ou les perdent.

Les liens qui unissent animaux et végétaux sont parfois si étroits que certaines espèces deviennent extrêmement dépendantes d'une autre pour assurer leur survie : la chenille du porte-queue verdâtre, *Callophrys grynea*, se nourrit exclusivement des feuilles du genévrier de Virginie. Ce petit papillon, répandu aux États-Unis, est rare dans l'est du Canada (on ne le trouve que dans le parc de la Gatineau, à l'escarpement d'Earley, là où s'observe la plus forte concentration de genévriers de Virginie au Québec).

De gros fruits appétissants

Alors que les légères graines des essences feuillues pionnières (trembles et bouleaux) sont dispersées par le vent sur de grandes distances, celles des feuillus qui produisent de gros fruits (chênes, caryers ou noyer par exemple) tombent généralement dans un périmètre de 40 à 50 m autour de l'arbre. Sans l'aide des oiseaux et des mammifères, la dissémination des graines de plusieurs essences serait ainsi beaucoup plus restreinte.

Le grand bond en avant

Suite au retrait des glaciers dans le nord-est de l'Amérique, le transport sur de longues distances des graines par les oiseaux a permis à plusieurs essences d'arbres de faire des bonds fantastiques vers le nord. Ainsi, le geai bleu, grand collecteur de glands de chênes et de faînes de hêtre, serait responsable de l'avancée de plusieurs essences de chênes.

Si les insectes, les oiseaux ou les mammifères rendent de précieux services aux végétaux forestiers, certains de ces animaux sont aussi, en contrepartie, de redoutables herbivores. C'est pourquoi les plantes ont développé une multitude de défenses physiques (la tige épineuse du framboisier, les épines du prunier noir ou des aubépines découragent les attaques d'insectes ou le broutage des mammifères) ou chimiques (en réponse à l'attaque d'un insecte foreur qui perce son tronc, le pin produit une résine qui colmate la brèche tout en immobilisant l'intrus). Parfois ces substances chimiques servent également aux insectes, lesquels utilisent la toxine d'une plante pour leur propre défense (à l'exemple du monarque, *Danaus plexippus*, un papillon qui séquestre dans ses tissus la toxine de l'asclépiade, devenant ainsi infect pour les oiseaux qui tentent de le consommer).

Le commensalisme

Le commensalisme est un autre type de relation entre deux organismes vivants où le premier est avantagé alors que le second n'en retire aucun bénéfice et ne subit aucun inconvénient. Lichens et mousses sont des plantes épiphytes (qui poussent sur d'autres plantes) pratiquant le commensalisme avec les arbres. Les lichens arboricoles, que l'on peut observer dans les pessières et les sapinières humides de l'Est, s'accrochent aux branches et aux troncs des arbres. De la sorte, ils bénéficient d'un bon apport en eau (par l'extraction de la vapeur d'eau contenue dans l'air) et en lumière (par leur position élevée dans la strate arbustive). Du fait de leur lente croissance, plusieurs lichens sont des indicateurs de l'âge avancé d'une forêt.

Une véritable mosaïque forestière

La forêt est donc le résultat d'un enchevêtrement complexe d'événements passés et de conditions présentes, de combinaisons de facteurs physiques et d'interactions vivantes. Tout cela contribue à faire de chaque forêt un milieu particulier.

La forêt n'est pas uniforme : elle devient, à une échelle plus vaste, une véritable mosaïque d'habitats divers et de communautés animales et végétales distinctes. Les forêts du Québec et des Maritimes sont riches de cette diversité.

3 Comment se distribuent les forêts ?

Les domaines forestiers du Québec et des Maritimes

Il y a 18 000 ans, le nord-est de l'Amérique était encore recouvert d'une épaisse couche de glace. À la faveur d'un réchauffement climatique, le glacier a par la suite fondu lentement, du sud vers le nord, libérant les terres propices à l'installation des forêts. Les végétaux qui s'étaient retranchés plus au sud ont recolonisé les sites déglacés, et cette reconquête des terres a duré des millénaires.

Il faudra attendre de 4 000 à 2 000 ans avant aujourd'hui pour que le couvert végétal du Québec et des Maritimes ressemble à celui que l'on peut observer de nos jours. Bien sûr, l'arrivée des premiers Européens modifia le paysage en profondeur. Progressivement, le défrichement du territoire, l'exploitation forestière, les monocultures à grande échelle, l'industrialisation et le développement urbain produiront tour à tour des impacts irréversibles sur les milieux naturels.

Les forêts du Québec

Au Québec, les grands domaines de végétation actuels sont appelés domaines bioclimatiques, puisque

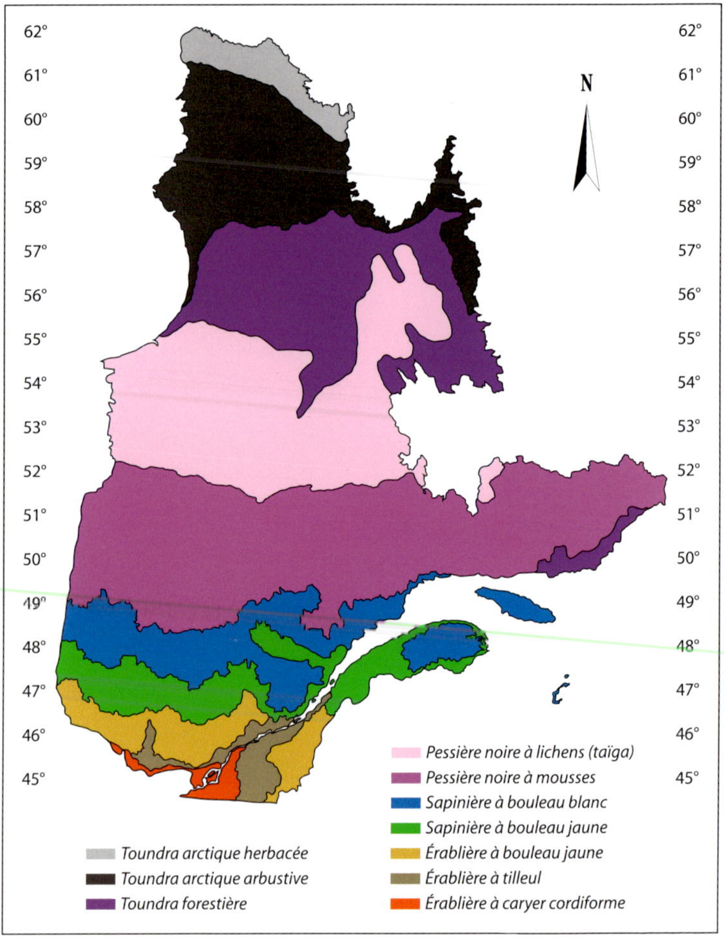

c'est le climat qui détermine une large part de leurs communautés végétales et animales. On retrouve trois zones de végétation : la zone tempérée (les érablières), la zone boréale (les sapinières – forêts de sapins – et les pessières – forêts d'épinettes) et la zone arctique (absence d'arbres). Ces trois zones sont à leur tour subdivisées en dix domaines bioclimatiques. Le nom donné à chacun de ces domaines (érablière à bouleau jaune, sapinière à bouleau blanc, etc.) est déterminé par la composition des essences dominantes ou caractéristiques de la communauté végétale mature observée à mi-pente, là où celle-ci a pu se développer jusqu'à maturité en l'absence de perturbations humaines, sur des sites où les conditions écologiques (température, drainage, etc.) sont moyennes, ou mésiques.

Ces dix domaines sont : 1) l'érablière à caryer cordiforme ; 2) l'érablière à tilleul ; 3) l'érablière à bouleau jaune ; 4) la sapinière à bouleau jaune ; 5) la sapinière à bouleau blanc ; 6) la pessière noire (forêt dominée par l'épinette noire) à mousses ; 7) la pessière noire à lichens (appelée aussi taïga) ; 8) la toundra forestière ; 9) la toundra arctique arbustive et 10) la toundra arctique herbacée. Le présent guide s'intéresse aux sept premiers domaines, ceux qui se trouvent au sud du 56e parallèle, puisqu'au-delà de cette limite, le couvert forestier passe de faible (toundra forestière) à nul (toundra arctique).

L'érablière à caryer cordiforme

Triangle enclavé dans le sud-ouest du Québec, entre les 45e et 46e parallèles, l'érablière à caryer cordiforme est le plus petit des domaines bioclimatiques (9 700 km^2, 0,6 % du territoire québécois). C'est aussi l'un de ceux qui a subi les assauts les plus marquants de la colonisation européenne. C'est pourtant le domaine forestier le plus riche, le plus diversifié de tout le Québec. On y trouve bon nombre d'espèces végétales et animales menacées. Établie sur une vaste plaine riche en dépôts d'argile, en sédiments et en sables littoraux, l'érablière à caryer cordiforme bénéficie d'une température annuelle moyenne de 5 à 7 °C et de la meilleure saison de croissance (entre 190 à 200 jours/année). Elle accueille 46 espèces d'arbres indigènes (49 en incluant les espèces introduites) et une flore vasculaire (soit la flore composée des plantes pourvues de vaisseaux dans lesquels circule la sève : arbres,

arbustes, plantes herbacées, fougères, prêles et lycopodes) totale de quelque 1 600 espèces. Plusieurs des arbres de l'érablière à caryer sont à la limite nord de leur aire de répartition ; c'est le cas du caryer cordiforme, mais aussi d'espèces moins abondantes, telles que le caryer ovale, le pin rigide, le chêne blanc, le chêne bicolore, l'érable noir, l'orme liège et le micocoulier occidental.

Sur des pentes d'inclinaison moyenne, là où le drainage est modéré (sites ni trop secs ni trop humides), poussent des communautés matures dominées par l'érable à sucre, accompagné principalement du tilleul d'Amérique, du hêtre à grandes feuilles, du frêne blanc, de l'ostryer de Virginie et du caryer cordiforme. Dans l'érablière à caryer cordiforme, il est rarissime de pouvoir contempler une forêt originelle n'ayant jamais subi l'impact de l'homme, mais là où de tels lambeaux subsistent, on y observe l'érablière à hêtre et à pruche. Il n'est pas impossible de croire qu'en raison de coupes forestières intensives de hêtres et de pruches effectuées au XIXe siècle, ces essences aient pu être plus abondantes dans les forêts de fin de succession d'avant la colonisation. Ainsi, l'érablière à caryer cordiforme que l'on observe aujourd'hui doit sa composition en partie à l'influence humaine.

Sur les sites les plus secs (sommets, sites rocheux ou sablonneux) s'établissent des chênaies (dominées par le chêne rouge), des pinèdes (dominées par le pin blanc) ou des prucheraies (dominées par la pruche). Au bas des pentes, sur des sols humides et riches cette fois, se rencontrent plus souvent le tilleul, l'orme d'Amérique ou le chêne à gros fruits. Enfin, les forêts riveraines très humides se composent d'érablières à érable argenté (où le frêne rouge est souvent présent), de frênaies noires à orme d'Amérique ou, beaucoup plus rarement, de communautés de micocouliers.

L'érablière à tilleul

L'érablière à tilleul, qui se retrouve entre les 45e et 47e parallèles, couvre une bonne part des Basses-Terres du Saint-Laurent (jusqu'à l'île d'Orléans), de l'Estrie et des Bois-Francs. Représentant 2,3 % de l'ensemble du Québec, l'érablière à tilleul dispose d'une température annuelle moyenne de 4 à 5 °C et de 180 à 190 jours de croissance par année. Sa flore forestière se caractérise par la présence de 41 essences d'arbres. Quelque 1 500 espèces de plantes vasculaires ont été dénombrées dans le domaine.

Sur les sites mésiques de milieu de pente poussent des forêts matures dominées par l'érable à sucre, accompagné du tilleul, du frêne blanc, du hêtre, de l'ostryer ou du bouleau jaune. S'observent aussi fréquemment l'érable rouge, la pruche, le sapin baumier et l'épinette rouge.

Sur les sites les plus secs se retrouvent chênaies, pinèdes, pessières rouges (forêts d'épinettes rouges avec sapin) ou cédrières. (Dans la partie ouest de l'érablière à tilleul – Outaouais et Basses-Laurentides –, généralement plus sèche, le chêne rouge, le pin blanc, le pin rouge

et le peuplier à grandes dents sont plus abondants.) Sur les sols plus humides et riches s'installent des érablières à tilleul et à orme d'Amérique ; sur les sols humides mais pauvres, des sapinières à épinette rouge ou des pessières noires à Éricacées. Dans les forêts riveraines s'observent l'érablière argentée, la frênaie de Pennsylvanie ou la frênaie noire à orme d'Amérique.

L'érablière à bouleau jaune

L'érablière à bouleau jaune forme une bande d'environ 100 km de largeur qui s'étend d'ouest en est entre les 46e et 47e parallèles. Elle représente 4,3 % du territoire québécois. La température annuelle moyenne y est de 2,5 à 4 °C, et la saison de croissance compte de 170 à 180 jours par année. La diversité des arbres qui composent sa flore forestière chute à 23 essences. Sa flore vasculaire totale est évaluée à 900 espèces.

Sur les sites mésiques poussent des communautés matures dominées par l'érable à sucre, lequel est accompagné du bouleau jaune. Hêtre, sapin, épinette rouge, épinette blanche et pruche font aussi partie de la mosaïque forestière caractéristique du domaine. Dans la partie nord-ouest de l'érablière à bouleau jaune (Témiscamingue), le hêtre est pratiquement absent des forêts, tandis que dans l'Est, l'érable rouge abonde. Un grand arbuste (l'érable de Pennsylvanie) et une plante herbacée (la médéole de Virginie) se démarquent par leur omniprésence.

Sur les sites les plus secs se retrouvent des sapinières à thuya et à pin blanc ou des pessières noires à sapin et à Éricacées. Sur les sites humides et riches se rencontrent des érablières à bouleau jaune et à frêne noir ; sur les sites humides mais pauvres, des sapinières à épinette rouge. Près des cours d'eau s'installe la frênaie noire à orme d'Amérique.

La sapinière à bouleau jaune

Forêt de transition entre la forêt feuillue et la grande forêt de conifères, la sapinière à bouleau jaune (6,2 % de l'ensemble du Québec) se déroule sur une bande de 100 km de large, d'ouest en est, entre les 47e et 48e parallèles environ. Sous une température annuelle moyenne de 1 à 2,5 °C, la saison de croissance s'étale sur 160 à 170 jours. La flore forestière du domaine ne compte que 18 arbres (hêtre, tilleul, peuplier à grandes dents et chêne rouge ne se trouvent plus dans la sapinière à bouleau jaune) ; le nombre total d'espèces de plantes vasculaires est évalué à 850.

Sur les sites mésiques pousse une forêt mixte dominée par le sapin ou le bouleau jaune. Les épinettes blanche et rouge sont également bien présentes, alors que l'érable rouge et le bouleau blanc s'y retrouvent sporadiquement.

Sur les sites les plus secs s'installent des forêts de conifères de composition variée (sapinière à thuya, sapinière à épinette rouge, pinède blanche, pessière noire à sapin, etc.).

Sur les sols humides et riches s'observent des bétulaies jaunes (forêts dominées par le bouleau jaune) à frêne noir, des frênaies noires à sapin ou des sapinières à thuya ; sur les sols humides mais pauvres, des pessières noires à sapin ou des sapinières à épinette rouge. Aux abords des tourbières se retrouvent la pessière noire à sphaignes ; aux abords des rivières, la frênaie noire à orme d'Amérique.

La sapinière à bouleau blanc

La sapinière à bouleau blanc, qui représente 8,1 % de la superficie des terres québécoises, forme une autre bande de 100 km de largeur qui s'étale, d'ouest en est, au nord de la sapinière à bouleau jaune, soit entre les 48e et 49e parallèles (à l'exception du territoire de la réserve faunique des Laurentides, situé au sud du 48e parallèle, mais lié au domaine de la sapinière à bouleau blanc parce que l'altitude élevée y réduit la température moyenne).

Dans l'ensemble du domaine, le climat y est relativement froid – la température annuelle moyenne est de 0 à 1 °C – et la saison de croissance, relativement courte (de 140 à 160 jours/an). On n'y dénombre plus que 13 essences d'arbres et une centaine de plantes vasculaires véritablement forestières (la flore vasculaire totale du domaine est estimée à seulement 500 espèces), dont plusieurs sont très abondantes, comme la clintonie boréale.

Frange sud de l'immense forêt boréale, la sapinière à bouleau blanc est une forêt boréale mixte dominée par six espèces : le sapin baumier, le bouleau blanc, le peuplier faux-tremble,

l'épinette noire, l'épinette blanche et le pin gris. Sur les sites mésiques de milieu de pente s'installent des sapinières à fougère (sapin baumier avec un parterre de dryoptères intermédiaires) où s'observent des quantités variables d'épinettes blanches, de bouleaux blancs ou d'épinettes noires, selon les conditions du climat et les sols.

Sur les sites les plus secs poussent des communautés de résineux (pinède grise, pessière noire à mousses, pessière noire à lichens) et sur les sites les plus humides, des sapinières à épinette noire ou à aulnes et des pessières noires à mousses. Les milieux riverains accueillent des aulnaies (à aulne rugueux) et des frênaies noires.

La pessière noire à mousses

La pessière noire à mousses est le domaine bioclimatique le plus vaste du Québec (433 600 km^2) : 28,4 % du territoire québécois. Sous la forme d'une large bande de 300 km de largeur, elle s'étend, entre les 49e et 52e parallèles, de l'Abitibi à l'extrémité est de la Côte-Nord. Sous une température annuelle moyenne de −2,5 à 0 °C, sa flore ne dispose plus que de 100 à 150 jours par année pour croître. Seulement dix essences d'arbres composent sa strate arborescente, mais la diversité de la flore vasculaire du domaine atteint tout de même 850 espèces (cela s'explique notamment par la grande superficie du domaine et donc sa plus grande diversité d'habitats).

Des peuplements denses et presque purs d'épinettes noires à mousses poussent sur les sites mésiques de milieu de pente du domaine. Selon les conditions du climat et du sol s'observe aussi le pin gris ou le sapin baumier. Des feuillus de lumière – peuplier faux-tremble et bouleau blanc, par exemple – se remarquent aussi sporadiquement dans les peuplements. Des plantes herbacées (notamment la clintonie boréale, le maïanthème du Canada et le pétasite palmé) et des Éricacées (bleuets, lédon du Groenland et kalmia à feuilles étroites) se retrouvent fréquemment sous le couvert, alors que les mousses et sphaignes de diverses espèces tapissent une large proportion du parterre forestier. Sur les sites mésiques du Nord (baie James) et de l'Est (Côte-Nord), s'installent aussi des sapinières à épinette blanche et des pessières blanches, formées d'arbres dressés ou rabougris selon le climat et la rigueur des vents dominants.

Sur les sites les plus secs s'installent des pessières noires à lichens ou des pinèdes grises et sur les sites plus humides, des pessières noires à sphaignes ou à Éricacées (où sapin, aulne rugueux ou mélèze s'observent fréquemment).

La pessière noire à lichens

S'étalant sur une autre large bande d'environ 300 km, entre les 52e et 56e parallèles cette fois, la pessière noire à lichens (ou taïga) représente 20,2 % du territoire québécois.

Forêt ouverte qui marque la fin de la forêt à proprement parler (l'industrie forestière ne récolte pas les arbres dans la taïga), la pessière noire à lichens forme, en raison de sa faible diversité topographique, un paysage plat et relativement monotone : succession de pessières noires, de tourbières, de brûlis d'âges divers et de lacs. La température annuelle moyenne du domaine est de –5 à –2,5 °C et sa saison de végétation s'étend sur 100 à 140 jours de croissance. On n'y trouve plus que huit essences d'arbres, et la plupart d'entre elles, à l'exception de l'épinette noire et du pin gris, sont peu abondantes. La flore vasculaire totale du domaine est de 600 espèces, mais seules 200 d'entre elles sont véritablement associées au milieu forestier.

Sur les sites majoritairement mésiques du domaine poussent des peuplements ouverts ou relativement fermés d'épinettes noires (la densité des forêts varie considérablement dans la taïga : de quelques dizaines d'individus à plus de 5 000 par hectare). Sous le couvert s'observent quelques végétaux (bouleau glanduleux, lédon du Groenland, kalmia à feuilles étroites, bleuets, amélanchier de Bartram, sorbier décoratif) installés sur un tapis blanchâtre de lichens (du genre *Cladina*, comme la cladine à étoile ou la cladine rangifère).

Sur les sites plus secs s'installent des pinèdes grises à lichens et sur les sites plus humides, des pessières noires à sphaignes.

Les forêts des Maritimes

On utilise généralement le terme forêt acadienne pour parler des forêts mixtes recouvrant la majorité des terres des trois provinces maritimes (Île-du-Prince-Édouard, Nouveau-Brunswick, Nouvelle-Écosse). Bien que cette désignation soit pratique et souligne la spécificité écologique de la forêt maritime comparativement aux autres types forestiers du Canada, le terme est un peu réducteur : cette forêt est tout sauf homogène (forêts conifériennes à affinité boréale sur les hauteurs du centre-nord du Nouveau-Brunswick, forêts mixtes à prédominance feuillue dans le sud du Nouveau-Brunswick, forêts conifériennes du littoral atlantique en Nouvelle-Écosse et autour de la baie de Fundy, etc.)

Globalement, sous l'influence de l'océan Atlantique, la forêt acadienne jouit d'un climat stable et modéré : la température moyenne annuelle y est de 4,3 à 6,5 °C. Toutefois, sur les hauteurs de l'île du Cap-Breton et le plateau du centre nord du Nouveau-Brunswick, les hivers sont longs, rigoureux et neigeux : la moyenne des températures hivernales n'est que de −8 °C. Les variations de température et d'humidité, la topographie extrêmement variée des régions maritimes (estrans, dunes, falaises abruptes, basses terres, etc.) et l'exposition (ou la non-exposition) à des vents forts expliquent en partie la grande variété de la forêt acadienne.

L'assemblage des espèces de la forêt acadienne est particulier : espèces venues des Appalaches, de la forêt boréale ou de la plaine côtière atlantique ; reliques de plantes alpines ou arctiques remontant à la dernière glaciation. Ces plantes composent tour à tour les communautés végétales des Maritimes. L'espèce forestière la plus caractéristique est sans contredit l'épinette rouge. Elle est accompagnée, dans des proportions variables selon les conditions, d'autres conifères communs (sapin baumier, pin blanc, pruche du Canada, pin rouge, pin gris, épinette blanche, épinette noire). L'érable à sucre, le hêtre et le bouleau jaune comptent parmi les feuillus les plus abondants et dominent les forêts matures. Le frêne blanc, l'érable rouge, le chêne rouge, l'ostryer de Virginie, le peuplier à grandes dents et le cerisier tardif figurent également parmi les essences forestières observables.

En raison du déboisement, de l'agriculture et d'une longue et intensive exploitation des ressources forestières dans les Maritimes, la forêt acadienne de première venue (celle qui n'a pas subi l'impact de l'homme) est devenue très rare : elle ne couvrirait plus qu'environ 5 % du territoire. Bien qu'elle ait conservé les attributs d'origine qui la

démarquent des autres types forestiers du Nord-Est américain, la forêt acadienne a bien changé depuis l'arrivée des premiers Européens : sa flore est moins variée et les peuplements matures, de même que les vieilles forêts, se font rares.

Île du Prince-Édouard

Si la moitié de la superficie de l'île du Prince-Édouard est de nouveau couverte de forêts, la forêt originelle n'existe plus cependant. Dès 1900, 70 % des surfaces forestières avaient disparu. Les forêts restantes ont été récoltées, exploitées, de sorte que la mosaïque forestière qu'on y observe aujourd'hui est très différente de celle d'il y a 300 ans.

La forêt acadienne mature qui couvrait à l'origine les sites mésiques de l'île du Prince-Édouard était composée d'érable à sucre, de hêtre, de bouleau jaune, de chêne rouge, de pin blanc, de pruche et d'épinette rouge. Aujourd'hui, l'épinette rouge, le sapin, l'érable rouge, le frêne blanc, le peuplier faux-tremble et le bouleau gris composent davantage les forêts de l'île. Sur les sites plus humides, où s'observaient l'érable rouge, l'épinette noire, le thuya, l'orme d'Amérique et le frêne noir, on remarque plutôt aujourd'hui la domination de l'épinette noire et du mélèze. Dans les forêts installées sur les sites d'anciens champs abandonnés, on observe enfin l'omniprésence de l'épinette blanche.

Quelques exemples de peuplements d'intérêt sont répartis çà et là dans l'île, notamment dans le bassin de la rivière Hillsborough, au bois de MacPhail (photo de la page précédente) et au sein de six forêts publiques aménagées par le gouvernement provincial à des fins de recherche et d'éducation.

Nouveau-Brunswick

Divisée en sept écorégions, la forêt du Nouveau-Brunswick a de multiples visages. Alors que la forêt côtière de Fundy (photo ci-dessus), installée sur les collines et les îles en bordure de la baie du même nom, se compose essentiellement d'épinettes (surtout l'épinette rouge), de sapin, d'érables et de bouleau blanc, les riches peuplements de feuillus des basses terres fertiles des vallées des rivières Saint-Jean et Kennebecasis abritent une trentaine d'espèces d'arbres.

Si le sapin baumier est l'essence la plus commune dans la région froide et montagneuse des hautes terres bordant le mont Carleton (dans le centre-nord de la province), c'est le bouleau à feuilles cordées qui y caractérise, après le passage d'une perturbation, les premiers stades de la succession.

Plus à l'est, dans les basses terres du littoral atlantique (de Bathurst au nord à Sackville au sud), le pin gris domine les sites secs et sablonneux, alors que l'épinette noire fait de même sur les sols tourbeux, acides et mal drainés. Tour à tour le pin blanc, la pruche et l'épinette rouge se mêlent aux feuillus, à flanc de colline, le long des vallées de la

Grande rivière Tracadie et des rivières Kouchibouguacis et Richibucto.

Nouvelle-Écosse

Divisée en neuf écorégions, la forêt mixte de la Nouvelle-Écosse est dominée par les conifères (épinettes rouge, blanche et noire; sapin baumier, pins blanc et rouge; pruche). Les feuillus les plus abondants sont l'érable rouge, l'érable à sucre, les bouleaux blanc et jaune, le peuplier faux-tremble et le peuplier à grandes dents.

Le climat maritime, la topographie et le relief accidenté (dans la partie nord de la province surtout, photo ci-dessous) expliquent une bonne part de l'éventail des forêts qu'on y retrouve. La mosaïque forestière de la vallée d'Annapolis (dans le sud de la province) est, par exemple, très riche : communautés d'érable à sucre, de bouleau jaune et de hêtre sur les sites mésiques ; communautés de pruche, de pin blanc et d'épinette rouge sur les sites moins bien drainés ; pessières rouges à sapin ou pessières noires sur les sites à très mauvais drainage. Tout au nord, sur les sommets de l'île du Cap-Breton, s'est installée la taïga, alors que dans les profondes vallées à proximité subsiste la plus imposante forêt mature de feuillus des Maritimes (plus de 350 ans), celle de la Grande Anse (1 620 hectares).

4 Comment les végétaux forestiers sont-ils classés ?

Bref survol de l'évolution et de la classification des plantes

L'évolution des végétaux s'étale sur trois milliards d'années. De minuscules algues firent d'abord leur apparition dans les mers primordiales. Durant une très longue période, ces algues demeurèrent la seule forme de vie végétale sur la planète. Puis, il y a un peu plus de 400 millions d'années, les premiers végétaux s'aventurèrent sur la terre ferme. Alors que les algues des milieux aquatiques se reproduisaient par multiplication végétative en se fractionnant, les premières plantes purent compter sur un nouveau mode de reproduction pour conquérir un milieu radicalement différent : la reproduction sexuée par spores. Mousses et sphaignes furent parmi les premières plantes invasculaires (dépourvues de vaisseaux internes pour la circulation de la sève) à quitter le milieu aquatique pour coloniser les milieux riverains humides.

Puis les premières plantes vasculaires inférieures firent peu à peu leur apparition (lycopodes, prêles, fougères, etc.). Grâce à des structures appelées sporanges, elles se mirent à produire des spores, des corpuscules capables après leur dissémination de

donner naissance à un nouvel individu. Les spores, dotées d'une enveloppe imperméable, permettaient de protéger la future plante contre des conditions atmosphériques défavorables et d'être transportées au loin par le vent. Lycopodes, prêles et fougères prirent des formes arborescentes (s'élevant parfois même jusqu'à 30 m au-dessus du sol) et dominèrent les terres pendant plusieurs millions d'années, formant les premières forêts du monde.

À la faveur d'une diminution progressive de la température et de l'humidité voilà quelque 225 millions d'années, durant la période du Trias, lycopodes et prêles géants (dont la fécondité dépendait en bonne partie de l'humidité ambiante) cédèrent progressivement leur place aux gymnospermes (les végétaux à ovules et graines nus, soit les conifères). Bien qu'ils ne dominent plus, lycopodes (comme le lycopode à massue, photo ci-dessous), prêles et fougères (comme l'onoclée sensible, page ci-contre) sont néanmoins toujours présents sur le parterre de nos forêts, sous la forme de plantes herbacées.

Les gymnospermes furent les végétaux prépondérants durant les 150 millions d'années qui suivirent, soit les périodes du Jurassique et du Crétacé, pendant lesquelles vécurent les dinosaures. Puis, juste avant la disparition de ceux-ci (à la fin du Crétacé, il y a 65 millions d'années), les conifères durent, eux aussi, laisser leur place dominante à d'autres plantes plus performantes au chapitre de la reproduction:

les angiospermes (plantes à fleurs dont les graines se développent à l'intérieur de l'enveloppe protectrice d'un ovaire, qui devient ensuite le fruit). Alors que les conifères dépendaient du vent pour disperser leur pollen, les angiospermes attiraient efficacement insectes et oiseaux qui, s'abreuvant de nectar, se déplaçaient de fleur en fleur, facilitant ainsi la pollinisation. Les angiospermes se divisèrent ensuite en deux grands groupes : les monocotylédones et les dicotylédones (selon que leur embryon dispose d'une ou de deux premières feuilles nourricières, appelées cotylédons) (voir aussi encadré page 72).

Si les angiospermes affichent des modes de reproduction plus complexes, les gymnospermes réussissent encore aujourd'hui à croître et à se multiplier dans des conditions plus extrêmes (à preuve les grandes forêts de conifères nordiques, les pessières sur sites pauvres et humides ou encore les pinèdes sur sites très secs).

Un peu de taxonomie

La taxonomie – ou systématique – est la science qui permet d'identifier, de nommer et de classer les organismes vivants ; en bref, c'est l'étude de la diversité de la vie (biodiversité).

Pour identifier des espèces existantes ou de nouvelles espèces, les taxonomistes – et les botanistes de

Monocotylédones et dicotylédones

Outre le nombre de cotylédons (les premières feuilles de l'embryon), d'autres différences caractérisent aussi les deux groupes d'angiospermes: les parties de la fleur des monocotylédones se forment par groupe de trois, celles de la fleur des dicotylédones par groupe de cinq (parfois de quatre) ; les nervures des feuilles des monocotylédones sont parallèles (comme la feuille du maïanthème à grappes, page 289), celles des feuilles de dicotylédones sont dites pennées ou palmées (voir la feuille de l'érable à sucre, page 169).

Les arbres et arbustes feuillus de nos forêts sont tous des dicotylédones (comme le prunier noir, page ci-contre), mais une bonne part des plantes herbacées (dont celles qui fleurissent au printemps: les trilles, le streptope rose, l'uvulaire grande-fleur, l'érythrone d'Amérique, l'ail des bois) font partie des monocotylédones.

profession – ont recours à un document nommé clé d'identification, grâce auquel la présence ou l'absence d'un caractère morphologique particulier permet de classer la plante au sein d'un groupe précis. On regroupe en différentes catégories (allant du général au particulier: division, classe, ordre, famille et genre) les espèces qui partagent au sein du règne végétal des caractéristiques communes à un même ancêtre. Les plantes, à l'exemple de tous les autres organismes vivants, sont ainsi classées selon leur appartenance à un groupe et à son « ancienneté » dans l'évolution.

Pourquoi est-ce important de savoir cela ? La catégorisation est une étape de l'identification : reconnaître la famille à laquelle une plante appartient, c'est limiter les choix possibles à un nombre plus restreint d'espèces. Au sein de la division des conifères, la famille des Pinacées (pins, épinettes, pruche, sapin, mélèze), par exemple, regroupe des arbres ou des arbustes à feuilles aciculaires (aiguilles), persistantes en hiver (sauf chez le mélèze), disposées une à une sur les rameaux ou en faisceaux. Au Québec et dans les Maritimes, on retrouve aussi, au sein du groupe des conifères, les familles des Taxacées (l'if du Canada) et des Cupressacées (les genévriers et le thuya), dont les espèces présentent des caractères morphologiques suffisamment différents (type d'aiguilles ou de graines produites, par exemple) pour justifier leur classement dans ces autres familles.

On désigne les végétaux de deux façons : par le ou les noms communs de l'espèce, propres à chaque langue, et par un nom scientifique (en latin) qui comporte toujours deux éléments, le premier indiquant le genre auquel l'espèce appartient, le second désignant l'espèce. Par exemple, le pin blanc (*Pinus strobus* L.) et le pin gris (*Pinus banksiana* Lamb.) possèdent des caractéristiques communes (par exemple, des aiguilles réunies en faisceaux) qui permettent de les grouper dans le genre *Pinus*.

La viorne comestible, *Viburnum edule* (Michx.) Raf., et la viorne bois-d'orignal, *Viburnum lantanoides* Michx, sont deux espèces appartenant au genre *Viburnum* et font plus largement partie de la famille des Caprifoliacées (arbustes à feuilles opposées, simples ou composées, dont les fleurs se divisent en cinq parties et dont le fruit est une baie, une drupe, une capsule ou un achaine).

Le « L. » qui suit *Pinus strobus* et le « Michx. » qui suit *Viburnum lantanoides* sont des abréviations qui désignent les « auteurs » des deux espèces (respectivement Carl von Linné, 1707-1778, et André Michaux, 1746-1802), c'est-à-dire ceux qui les ont décrites et classées. Dans le cas de *Viburnum edule* (Michx.) Raf., l'expression signifie que Constantin Samuel Rafinesque-Schmaltz (Raf.), 1783-1840, modifia le nom de la plante qu'André Michaux avait auparavant baptisée.

La classification permet ainsi l'arrangement des plantes au sein d'un système ordonné et hiérarchique. Mais comme l'organisation de cet arrangement se fait par l'accumulation constante de données, la classification change parfois au fil des découvertes des botanistes et des chaudes discussions entre taxonomistes. On dit de la taxonomie que c'est une science « vivante », non pas parce qu'elle s'intéresse au vivant, mais bien du fait que les connaissances des scientifiques progressent constamment et que, suivant certaines découvertes, on revient corriger non seulement le nom des espèces, mais aussi leur classement au sein des genres, puis l'ordre des genres au sein des familles, etc. Nous

avons bien sûr tenté d'être le plus à jour possible, mais il est toutefois possible qu'entre la publication de cet ouvrage et son utilisation par le lecteur, d'autres changements aient eu lieu en ce qui a trait à la classification ou à la nomenclature des espèces présentées ici.

Comment sont classées les plantes dans le guide ?

Pour faciliter l'identification sur le terrain, les plantes sont présentées par strate : d'abord les arbres de la strate forestière (conifères et feuillus de dix mètres de hauteur ou plus) ; ensuite les petits arbres, les arbustes et les plantes ligneuses de la strate arbustive ; puis les plantes herbacées à fleurs, les fougères, les lycopodes et les prêles de la strate herbacée ; enfin les lichens, sphaignes et mousses de la strate muscinale.

Pour favoriser la maîtrise de la classification par les botanistes débutants, nous présentons les végétaux, à l'intérieur de chaque strate, dans l'ordre taxonomique des familles (suivant approximativement celui de la *Flore laurentienne* du Frère Marie-Victorin).

Toutes les espèces décrites dans la seconde partie du guide sont des espèces indigènes d'intérieur de forêt (à l'exception de quelques « incontournables » qui colonisent fréquemment les abords des écosystèmes forestiers, dont deux espèces omniprésentes, introduites par l'homme, notamment dans les régions les plus peuplées : l'érable à feuilles composées et le nerprun cathartique).

Les espèces rares, vulnérables et menacées

Au Québec, 394 plantes vasculaires sont sur la liste des espèces menacées, vulnérables ou susceptibles d'être ainsi désignées. Et la situation ne semble guère s'améliorer : pour la plupart d'entre elles, la tendance générale est au déclin.

La répartition géographique des plantes en déclin se superpose aux territoires où il y a une occupation humaine dense, laquelle engendre une série de phénomènes (urbanisation, agriculture, exploitation forestière) ayant des effets indirects ou directs sur les écosystèmes. Au Québec, c'est en Montérégie et en Outaouais qu'on retrouve le plus d'espèces menacées ou vulnérables. Toutefois, l'estuaire d'eau douce du Saint-Laurent, la Gaspésie et l'Anticosti-Minganie abritent quelque 35 espèces, sous-espèces ou variétés végétales très rares ou endémiques, c'est-à-dire qu'on ne retrouve pas ailleurs dans le monde. En Nouvelle-Écosse, on estime à 222 le nombre d'espèces végétales rares. Au Nouveau-Brunswick, dans le seul bassin de la rivière Saint-Jean, 68 plantes sont considérées comme ayant une grande importance au chapitre de la conservation, incluant la pédiculaire de Furbish, une espèce endémique aux rives de la rivière Saint-Jean. Sur l'île du Prince-Édouard, sur les bords de la rivière Hillsborough, on estime à 57 le nombre de plantes vasculaires rares.

Une autre cause du déclin des populations est la récolte de spécimens à des fins commerciales ou de subsistance. En plus d'avoir eu à subir les effets de la disparition ou de la dégradation de leur habitat, l'ail des bois – espèce désignée vulnérable – ou le ginseng à cinq folioles – espèce désignée menacée – sont deux exemples d'espèces ayant fait les frais d'une récolte jadis intensive au Québec, ce qui a conduit à fragiliser dangereusement leur population.

Le prélèvement actuel de spécimens entiers pour la revente commerciale à des amateurs exerce une pression inquiétante sur plusieurs populations de plantes herbacées et de fougères des riches érablières du sud du Québec (asaret du Canada, sanguinaire du Canada, cardamine carcajou, trille blanc, uvulaire grande-fleur, adiante du Canada, matteuccie fougère-à-l'autruche). Puisqu'il faut plusieurs années (souvent plus de cinq ans) à un plant en serre pour atteindre une taille suffisante pour la vente, la cueillette en milieu naturel est bien tentante. La pression sur ces espèces est telle que celles-ci ont été désignées vulnérables en 2005 par le gouvernement du Québec.

Le botaniste débutant – qui n'a pas toutes les connaissances nécessaires pour évaluer le degré de rareté d'une espèce non identifiée – doit éviter dans la mesure du possible la cueillette de spécimens en milieu naturel. À l'aide d'une loupe et d'un guide d'identification, on peut sur place identifier dans la plupart des cas toute plante encore commune (mais pour combien de temps encore ?).

Deuxième partie

200 espèces à identifier

Identifier arbres, arbustes, plantes ligneuses et herbacées

La méthode la plus efficace pour identifier correctement une plante consiste tout d'abord à classer l'espèce inconnue au sein de sa famille, puis de son genre, pour enfin tenter de l'identifier précisément à l'espèce. Le recours aux critères d'identification usuels – feuille, fleur, fruit, tige ou tronc – permet d'identifier les principales espèces forestières du Québec et des Maritimes contenues dans ce guide.

Dans le cas d'un arbre, son habitat, le moment de sa floraison ou de sa fructification, de même que la présence d'autres arbres indigènes caractéristiques qu'on voit aux alentours sont autant d'indices complémentaires qui permettront, souvent, de le départager d'une espèce voisine. L'habitat et le moment de la fructification distinguent par exemple deux frênes qui se ressemblent beaucoup (le frêne rouge et le frêne blanc) : les samares du frêne rouge (qui s'observe fréquemment avec l'érable argenté dans les forêts humides des basses terres) se forment en juin et demeurent sur l'arbre jusqu'en août. Celles du frêne blanc (qui préfère quant à lui des sols habituellement plus secs) ne sont mûres qu'à la fin de l'été.

Le recours à la clef d'identification des arbres reproduite en page 362 permet de pouvoir distinguer avec certitude, principalement par l'observation des feuilles, tous les arbres indigènes du Québec et des Maritimes. Pour distinguer les arbres décidus une fois les feuilles tombées, la forme et la disposition des bourgeons sur les rameaux, le port, le tronc, l'habitat ou la présence de feuilles mortes à la base de l'arbre sont autant d'indices utiles. La clef d'identification hivernale en page 367 permet de reconnaître les feuillus de l'automne au début du printemps.

Les termes employés dans les illustrations qui suivent sont utilisés pour l'identification des espèces décrites plus loin dans le guide. Un glossaire plus détaillé est présenté en fin d'ouvrage (page 350).

Types de feuilles

La feuille comprend une surface plane, mince, verte, nommée limbe. Cette surface est striée de nervures.

Un pétiole, plus ou moins long, rattache le limbe à une des tiges de la plante. L'endroit où le pétiole s'insère sur la tige est appelée nœud. À l'angle supérieur formé par l'insertion du pétiole dans la tige (la région que l'on appelle l'aisselle) se trouve un bourgeon.

Le limbe des feuilles est souvent bordé de dentelures. La feuille est ainsi dentée, doublement dentée ou crénelée (dents arrondies ou obtuses). Quand la dentelure est très accentuée, générant des lobes, on parle d'une feuille lobée.

Lorsque les lobes entre les parties du limbe sont si profonds que ces mêmes parties s'attachent directement sur le pétiole de la feuille, on parle de feuille composée. La feuille composée est constituée de petites feuilles (appelées folioles) qui représentent en fait une division du limbe. Les feuilles dites simples, elles, ne possèdent qu'un seul limbe, indivisé.

La disposition des feuilles sur une tige est caractéristique et nous renseigne sur la famille ou le genre de l'espèce observée.

Schéma d'une feuille simple

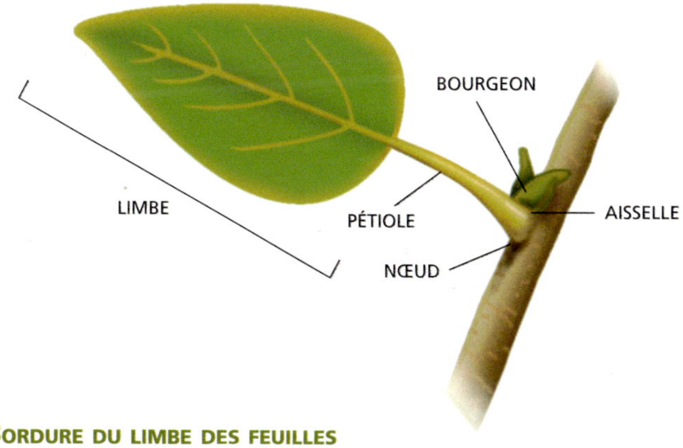

Bordure du limbe des feuilles

Allure du limbe des feuilles

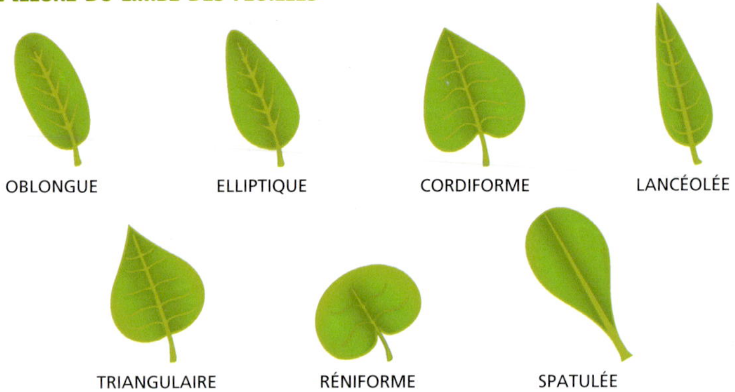

Feuille simple ou composée

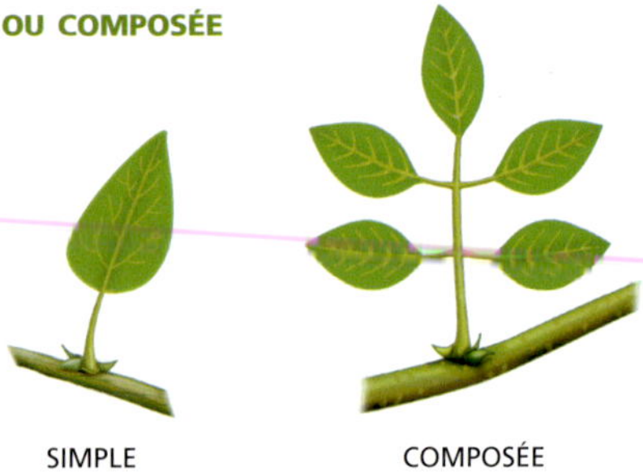

Disposition des feuilles

Types de fleurs

Le cycle de reproduction des angiospermes (plantes à fleurs) s'amorce par la floraison. Le carpelle, structure propre à ce groupe de plantes, enveloppe et protège l'ovule. Toute la structure d'organisation de la fleur est orientée pour permettre la libération du pollen et la fécondation de l'ovule.

Certaines plantes portent leurs fleurs de manière isolée, au bout d'une section de tige appelée pédoncule; ce sont les fleurs dites solitaires. En revanche, plusieurs autres plantes regroupent leurs fleurs sur le même pédoncule; on parle alors d'inflorescence.

Il existe divers types d'inflorescences, et la connaissance de ces types est un autre outil d'identification utile.

Les végétaux sont dioïques (fleurs mâles et fleurs femelles portées par des individus différents) ou monoïques (fleurs mâles et femelles portées par le même individu). Peupliers et saules sont dioïques; pins, épinettes, chênes, caryers et bouleaux sont monoïques. Au sein même de certains genres, les espèces diffèrent: l'érable à sucre est monoïque, l'érable à feuilles composées est dioïque; le frêne blanc et le frêne rouge sont dioïques, le frêne noir est parfois dioïque, parfois monoïque.

Parties d'une fleur

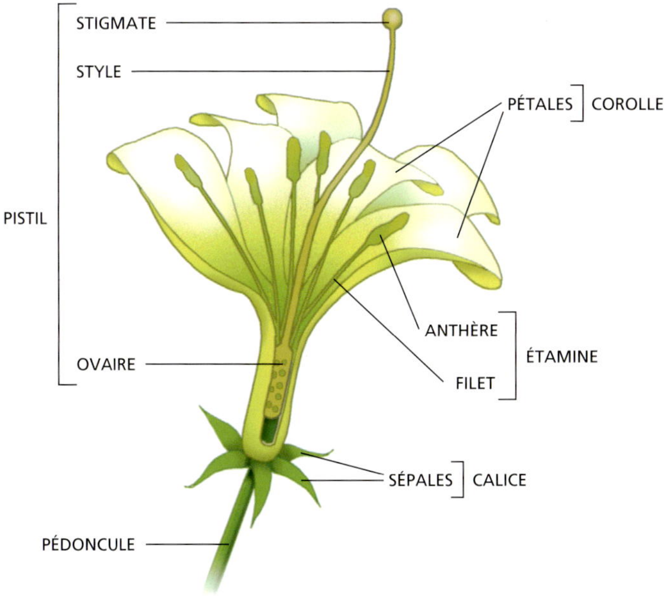

Types d'inflorescence

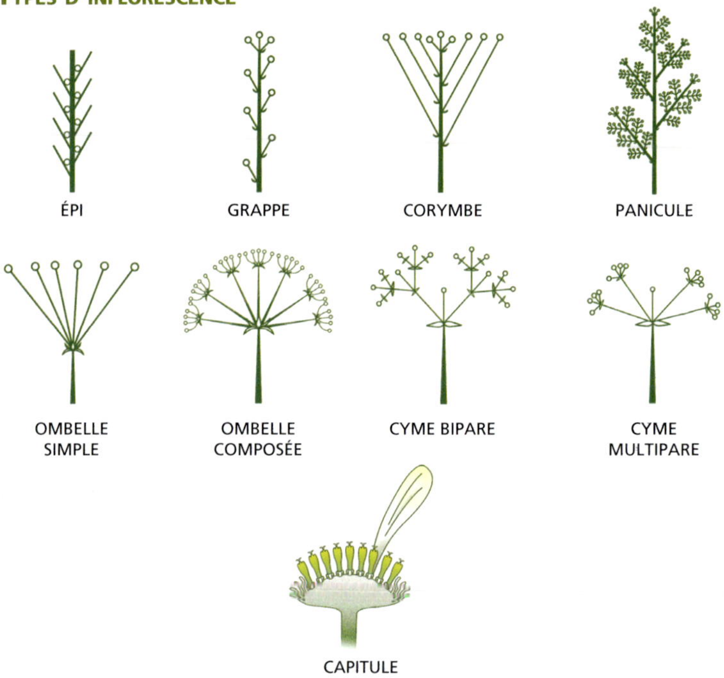

Types de fruits

Les fruits qui se développent après la fécondation de l'ovule sont aussi très divers (fruits charnus ou secs, simples ou complexes, etc.). Tous n'ont pourtant qu'une seule fonction : protéger la ou les graines et favoriser leur dispersion par le vent, l'eau ou les animaux. Le fruit charnu contenant plusieurs petits pépins est une baie (bleuets, etc.), celui qui est toujours charnu mais ne contient qu'un seul noyau dur est une drupe (cerisiers, aubépines, micocoulier occidental, etc.). Celui dont l'enveloppe est plus ou moins rigide à maturité est un fruit sec, et il en existe plusieurs types (samares de frênes et d'ormes, disamares d'érables, noix de chênes, etc.).

Fructification des conifères

Les conifères exhibent deux types de cônes durant leur cycle de reproduction : les cônes mâles, qui produisent le pollen, et les cônes femelles, qui sont fécondés par le pollen dispersé dans l'air. Cônes mâles et femelles se retrouvent souvent sur le même arbre. Les cônes mâles, plus petits, ressemblent vaguement aux chatons des bouleaux. Ils libèrent leur pollen au printemps, flétrissent et tombent habituellement au sol plus vite que les cônes femelles. Si l'observation des cônes est un outil supplémentaire d'identification des conifères (au même titre que le fruit l'est pour les arbres à fleurs), c'est le cône femelle mature (plus gros et plus persistant sur l'arbre) qui est le plus utile à cet égard.

Cônes mâles (à gauche) et cône femelle mature (à droite) du pin rigide

Deux pièges à éviter

1) La plasticité des végétaux

Comme ils sont immobiles, les végétaux ne peuvent pas modifier les conditions environnementales qu'ils subissent. Cela explique en partie pourquoi ils font preuve de plasticité morphologique, c'est-à-dire qu'ils peuvent, dans une certaine mesure, modifier leur forme (feuillage, couronne, système racinaire) de manière à mieux capter les ressources nécessaires à leur croissance. C'est ainsi qu'un jeune tilleul installé à l'ombre aura des feuilles plus larges et plus grandes qu'un individu installé sous un éclairage plus intense.

2) Le stade de croissance des arbres

Si les feuillus matures affichent une suite de caractères (forme de la feuille, couleur et texture de l'écorce, type de fleur et de fruit, etc.) qui, une fois connue, permet de les identifier, il en est tout autrement lorsqu'ils sont à un stade de croissance plus précoce. Un petit semis de bouleau jaune émergeant sur le parterre d'un riche sous-bois se distingue difficilement dans la strate herbacée, et cette très jeune pousse de bouleau jaune peut être confondue avec celle du bouleau blanc ou du noisetier à long bec. De même, le feuillage primordial d'un jeune frêne de première année sera très différent du feuillage d'un frêne de 5, 10 ou 15 ans.

Grands arbres

(plus de 10 mètres)

Genévrier de Virginie

Juniperus virginiana* L. var. *virginiana
Eastern redcedar
(Cupressacées)

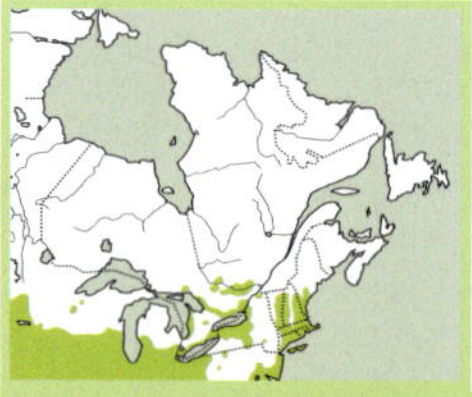

Taille et port : Petit conifère pouvant atteindre 10-15 m de hauteur et 20 cm de diamètre. Forme pyramidale devenant souvent irrégulière avec l'âge selon les conditions et/ou la pente du site.

Écorce : Brune ou rougeâtre, mince, se détachant en longues lanières fines même chez les jeunes arbres (ou ceux qui ont un faible diamètre).

Feuille : De deux types : une feuille adulte squamiforme d'un bleu-vert foncé (devenant brun jaunâtre en hiver), de 1 à 3 mm de longueur, s'insérant en paires imbriquées ; une jeune feuille aciculaire (aiguille) mesurant jusqu'à 12 mm de longueur.

Fructification (cône femelle) : Cône à trois écailles devenant globuleux, charnu et bleuâtre, ressemblant à une baie à maturité (la « baie » de genièvre n'est toutefois pas un fruit). Maturation annuelle (en automne).

Habitat : Lieux secs : pentes abruptes, crêtes rocheuses ou sols sablonneux, affleurements calcaires ; plante calcicole.

À noter : Intolérant à l'ombre. Espèce à répartition très restreinte sur notre territoire : dans le sud-ouest du Québec seulement (vallée de la rivière des Outaouais). Beaucoup de genévriers de Virginie se retrouvent dans le parc de la Gatineau (escarpement d'Eardley). Espèce susceptible d'être désignée menacée ou vulnérable au Québec.

Genévrier de Virginie

1. Feuille squamiforme et cônes femelles
2. Cônes mâles
3. Écorce de petit arbre
4. Écorce d'arbre adulte

Thuya occidental
Thuja occidentalis L.
Eastern white-cedar
(Cupressacées)

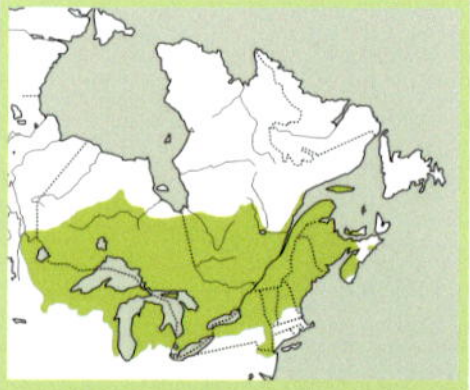

Taille et port: Petit conifère pouvant atteindre 15-20 m de hauteur et une trentaine de centimètres de diamètre. Silhouette conique souvent penchée. Tronc fréquemment tordu. Ramure clairsemée laissant voir le tronc.

Écorce: Brune ou rougeâtre, fibreuse, mince, grisonnante avec l'âge; de longues et étroites lanières s'effilochent sur le tronc des arbres matures.

Feuille: Squamiforme, vert mat, de 1 à 2 mm de longueur, s'imbriquant en paires serrées sur un rameau aplati.

Fructification (cône femelle): Petit cône oblong (5-12 mm), formé de 8 à 12 écailles minces (opposées et s'imbriquant en alternance), dressé sur le rameau, vert jaunâtre devenant brunâtre à maturité (fin de l'été).

Habitat: Lieux humides (rives des cours d'eau) ou secs (crêtes rocheuses), sols organiques (abords des tourbières) et souvent calcaires.

À noter: Tolère l'ombre. On le désigne parfois encore, à tort, comme un « cèdre », alors que les cèdres ne s'observent pas en Amérique et n'appartiennent pas à la famille des Cupressacées. Une forêt où le thuya domine est toutefois appelée cédrière.

Thuya occidental

1. Feuille squamiforme
2. Cônes femelles
3. Écorce de petit arbre
4. Écorce d'arbre adulte

Pin blanc

***Pinus strobus* L.**
Eastern white-pine
(Pinacées)

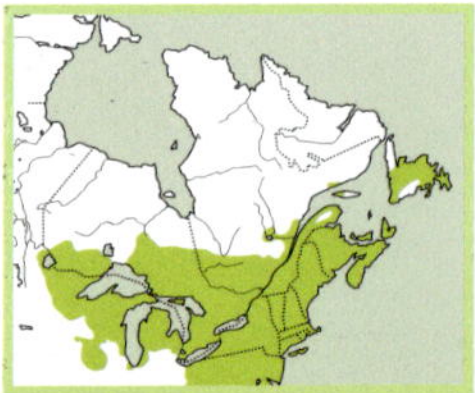

Taille et port: Grand conifère de l'Est pouvant atteindre 30-35 m de hauteur et 1 m de diamètre (parfois beaucoup plus dans les deux cas). Tronc bien droit, dont la partie inférieure est souvent dépourvue de branches jusqu'à une bonne hauteur. Cime irrégulière et asymétrique.

Écorce: Gris verdâtre et lisse chez le jeune arbre; brunâtre et rugueuse, avec des sillons profonds et des crêtes larges, chez l'arbre mature.

Feuille: Longue aiguille droite et flexible, de longueur variable (5-15 cm), mais toujours groupée en faisceaux de cinq.

Fructification (cône femelle): Long cône (8-20 cm) cylindrique, élancé, d'un vert jaunâtre (brun à maturité). Les cônes femelles matures s'ouvrent et tombent à la fin du 2e été suivant la fécondation.

Habitat: Sols secs, bien drainés (crêtes) ou sablonneux, mais aussi parfois des sites plus humides.

À noter: Arbre modérément tolérant à l'ombre. Une des essences les plus exploitées au XIXe siècle. Toutefois, l'espèce est demeurée commune et plusieurs grandes pinèdes à pin blanc subsistent sur le territoire.

1

2

3

4

5

Pin blanc

1. Faisceaux d'aiguilles
2. Cônes mâles dressés à la base d'une nouvelle pousse (printemps)
3. Cône femelle pendant, à maturité
4. Écorce de petit arbre
5. Écorce d'arbre adulte

Pin rouge

Pinus resinosa Ait.

Red pine

(Pinacées)

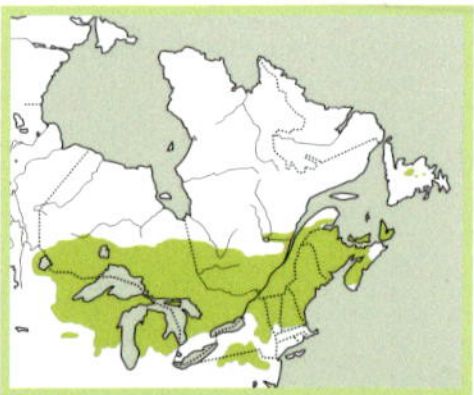

Taille et port : Grand conifère pouvant atteindre 20-30 m de hauteur et 75 cm de diamètre (parfois plus dans les deux cas). Tronc rectiligne et dégarni dans sa partie inférieure. Ramure ovale. Cime évasée.

Écorce : Brun rougeâtre, formant de larges plaques écailleuses et aplaties avec l'âge.

Feuille : Longue aiguille (10-16 cm) droite et pointue, toujours groupée en faisceaux de deux.

Fructification (cône femelle) : Trapu, ovoïde (4-7 cm), dressé. Les cônes femelles matures s'ouvrent au premier automne suivant la fécondation, mais ne tombent que l'année suivante.

Habitat : Lieux secs : crêtes et affleurements rocheux, sols sablonneux.

À noter : Arbre intolérant à l'ombre. Le pin rouge est plus fréquent dans l'ouest du Québec. Peu commun dans l'île du Prince-Édouard.

Pin rouge

1. Faisceaux d'aiguilles
2. Cône femelle à maturité
3. Écorce de petit arbre
4. Écorce d'arbre adulte

Pin gris

***Pinus banksiana* Lamb.**

Jack pine

(Pinacées)

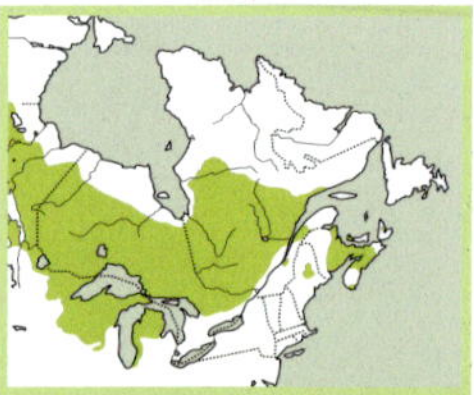

Taille et port : Conifère de taille moyenne pouvant atteindre 20 m de hauteur et 30 cm de diamètre (parfois plus dans les deux cas). Tronc élancé et bien droit. Cime conique et clairsemée.

Écorce : Mince, d'un ton brun gris chez le jeune arbre ; écailleuse, brun rougeâtre foncé et striée de sillons irréguliers chez l'adulte.

Feuille : Courte aiguille (2-4 cm) droite ou légèrement recourbée, toujours groupée en faisceaux de deux.

Fructification (cône femelle) : De forme variable (oblong ou conique) ; souvent recourbé, parfois droit ; 3 à 7 cm de longueur ; généralement dressé sur la branche. Formé au 2e automne suivant la pollinisation, persiste longtemps sur l'arbre (10-20 ans) avant de s'ouvrir.

Habitat : Sols secs : crêtes, affleurements rocheux, terrains graveleux ou sablonneux.

À noter : Intolérant à l'ombre. Se régénère efficacement lors de feux de forêts : la chaleur du brasier ouvre les cônes et libère les graines. Essence typiquement boréale, plus fréquente au Québec dans la partie ouest de la pessière noire à mousses (à l'ouest du lac Saint-Jean) où il s'observe souvent dans des peuplements purs (pinèdes à pin gris). Peu commun dans l'île du Prince-Édouard.

Pin gris

1. Faisceaux d'aiguilles (avec petits cônes femelles en développement sur le rameau)
2. Cônes femelles à maturité
3. Écorce de petit arbre
4. Écorce d'arbre adulte

Pin rigide

***Pinus rigida* Mill.**
Pitch pine
(Pinacées)

Taille et port : Conifère de taille moyenne pouvant atteindre 15-20 m de hauteur et 30 cm de diamètre. Tronc droit, affichant des ramilles feuillées (touffes d'aiguilles) et de nombreuses branches mortes difformes. Cime évasée et clairsemée.

Écorce : Brun rougeâtre, devenant rapidement écailleuse chez les individus à faible diamètre, formant avec l'âge des plaques sombres, épaisses et irrégulières, entourées de sillons profonds.

Feuille : Aiguille rigide, tordue et recourbée (7-12 cm), toujours groupée en faisceaux de trois.

Fructification (cône femelle) : Ovoïde (5-9 cm) et muni de courtes épines, persistant sur l'arbre de nombreuses années.

Habitat : Sols secs : plaines rocailleuses, sablonneuses, versants arides et crêtes rocheuses, affleurements de grès.

À noter : Intolérant à l'ombre. Espèce à répartition très restreinte sur notre territoire : dans l'extrême sud-ouest du Québec seulement (section ouest de la Montérégie, près de la frontière de l'État de New-York). Espèce menacée au Québec.

PIN RIGIDE

1. Faisceaux d'aiguilles
2. Cône femelle à maturité
3. Écorce de petit arbre
4. Écorce d'arbre adulte

Mélèze laricin

***Larix laricina* (Du Roi) K. Koch**

Tamarack

(Pinacées)

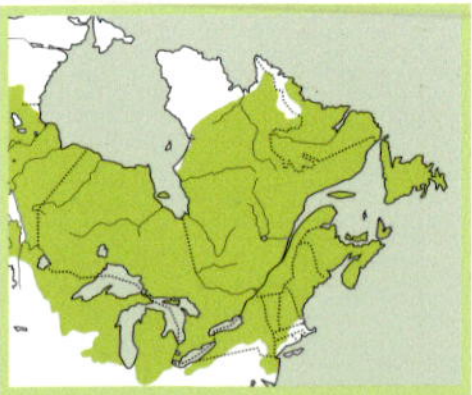

Taille et port : Conifère pouvant atteindre 25 m de hauteur et 40 cm de diamètre. Tronc élancé et droit. Branches horizontales ou souvent ascendantes. Ramure conique et claire. Cime étroite.

Écorce : Mince et grise chez le petit arbre ; écailleuse et brun rougeâtre, formant de petites plaques minces avec l'âge.

Feuille : Aiguille molle (2-5 cm), aplatie sur le dessus ; carénée en dessous, réunie en faisceaux de 15 à 60.

Fructification (cône femelle) : Petit cône trapu et ovoïde (1 à 2 cm). S'ouvre à la fin de la première saison suivant la pollinisation, disperse ses graines dans les mois qui suivent et tombe l'été suivant.

Habitat : Sols humides dans le sud de son aire de répartition (tourbières, abords marécageux des lacs et des rivières, etc.) ; divers sols plus au nord (dont des sites plus secs, crêtes, plateaux et plaines).

À noter : Intolérant à l'ombre. Les aiguilles se colorent d'un jaune vif à l'automne puis tombent (le seul conifère qui perd ses feuilles sous nos latitudes). Un peuplement où le mélèze est dominant est appelé mélèzin.

Mélèze laricin

1. Faisceaux d'aiguilles

2. Cônes femelles

3. Écorce de petit arbre

4. Écorce d'arbre adulte

Épinette blanche

Picea glauca **(Moench) Voss**
White spruce
(Pinacées)

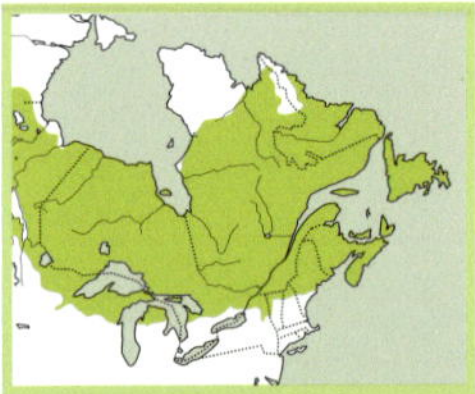

Taille et port : Conifère pouvant atteindre 25 m de hauteur, 60 cm de diamètre (parfois plus dans les deux cas). Cime large, conique, à feuillage dense.

Écorce : Grise, mince et formée de fines écailles ; devenant plus sombre avec l'âge.

Feuille : Aiguille longue et un peu recourbée (15-22 mm), vert bleuâtre, quadrangulaire.

Fructification (cône femelle) : Cylindrique (3-6 cm), pendant et formé de 60 à 90 écailles. S'ouvre au premier automne suivant la pollinisation et tombe durant l'hiver qui suit.

Habitat : Sols variés : supporte aussi bien les sols humides en bordure des rives que les sites pentus à drainage rapide.

À noter : Tolère l'ombre. Sa silhouette, ses rameaux pâles et glabres, la longueur et la forme de ses cônes permettent de la distinguer de l'épinette noire.

Épinette blanche

1. Feuille et rameau
2. Cône femelle pendant, presque à maturité (milieu du premier été)
3. Cône femelle d'un an
4. Écorce de petit arbre
5. Écorce d'arbre adulte

Épinette noire

Picea mariana (Mill.) BSP

Black spruce

(Pinacées)

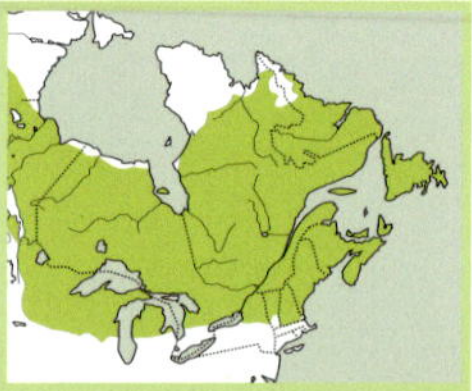

Taille et port : Conifère de taille moyenne pouvant atteindre 20 m de hauteur et 30 cm de diamètre. Tronc droit. Branches tombantes à bout retroussé. Ramure étroite. Cime très dense, portant une multitude de cônes et affichant une forme ovoïde souvent déformée par l'écureuil roux.

Écorce : Brun grisâtre ou rougeâtre, formée de minces écailles qui retroussent avec l'âge.

Feuille : Aiguille courte, droite et rigide (8-15 mm), vert mat, quadrangulaire.

Fructification (cône femelle) : Petit, trapu, ovoïde (2-3 cm), pendant, formé d'une trentaine d'écailles. Mature au premier automne suivant la pollinisation, le cône femelle reste sur l'arbre durant plusieurs années.

Habitat : Sols humides et mal drainés dans le sud de son aire (tourbières, abords des marécages, etc.) ; sites variés plus au nord.

À noter : Tolère l'ombre. Essence dominante de la forêt boréale, où on l'observe fréquemment en peuplements purs (pessière noire). Sa silhouette, ses rameaux rougeâtres et pubescents ainsi que la longueur et la forme de ses cônes permettent de la distinguer de l'épinette blanche.

Épinette noire

1. Feuille et rameau
2. Jeunes cônes femelles (au milieu du premier été)
3. Cône femelle à maturité (fin du premier été)
4. Écorce de petit arbre
5. Écorce d'arbre adulte

Épinette rouge

Picea rubens Sarg.

Red spruce

(Pinacées)

Taille et port : Conifère pouvant atteindre 25 m de hauteur et 60 cm de diamètre (parfois plus dans les deux cas). Tronc droit, branches horizontales ou tombantes à bout retroussé. Cime large, conique, plutôt clairsemée.

Écorce : Brun rougeâtre ou grisâtre, formée de petites écailles s'élargissant avec l'âge ; l'arbre mature affiche des plaques sombres, rougeâtres, et des sillons peu profonds.

Feuille : Aiguille moyennement longue et recourbée (10-16 mm), vert jaunâtre, lustrée, quadrangulaire.

Fructification (cône femelle) : Légèrement ovoïde (3-5 cm), pointu, pendant. S'ouvre au premier automne suivant la pollinisation et tombe durant l'année qui suit.

Habitat : Sols frais, moyennement humides ou bien drainés des hautes terres (versants des collines, bordure des lacs et rivières, etc.)

À noter : Tolère l'ombre. Sa cime plus large, la longueur de ses cônes ainsi que la longueur, la couleur et la courbure de ses aiguilles la distinguent de l'épinette noire. S'hybride avec cette dernière là où les aires des espèces se chevauchent (individus issus de croisements difficiles à identifier). Arbre emblème de la Nouvelle-Écosse.

Épinette rouge

1. Feuille
2. Cône femelle à maturité (premier été)
3. Écorce de petit arbre
4. Écorce d'arbre adulte

Pruche du Canada

Tsuga canadensis (L.) Carr.
Eastern hemlock
(Pinacées)

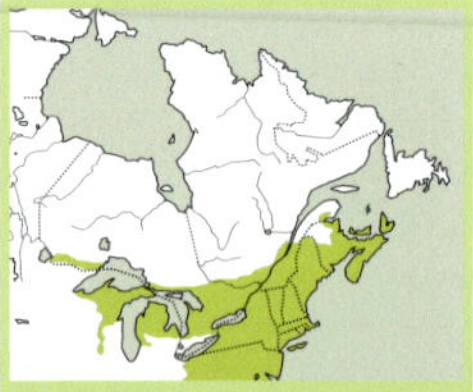

Taille et port : Grand conifère pouvant atteindre 30 m de hauteur et 1 m de diamètre. Tronc droit, branches bien étalées horizontalement. Ramure large et plutôt conique chez le jeune adulte, devenant irrégulière avec l'âge.

Écorce : Brun foncé rougeâtre, s'écaillant dès le jeune âge. L'arbre mature arbore de larges crêtes aplaties et un réseau étendu de sillons.

Feuille : Petite aiguille molle (10-20 mm), aplatie, lancéolée. Dessus vert foncé luisant ; dessous blanchâtre (deux bandes blanches parallèles s'observent de part et d'autre de la nervure médiane).

Fructification (cône femelle) : Petit cône ovoïde (12-20 mm) s'ouvrant au premier automne suivant la pollinisation et demeurant sur l'arbre jusqu'au prochain printemps.

Habitat : Sols habituellement frais et humides, mais parfois secs : bas des pentes et des escarpements rocheux, pied des versants abrités, bordure des rivières encaissées.

À noter : Très tolérante à l'ombre. Espèce à croissance lente, typique des forêts de fin de succession. Une forêt où la pruche domine est une prucheraie. C'est le conifère le moins boréal du Québec et des Maritimes, mais il est largement répandu plus au sud, dans les érablières matures.

1

2

3

4

Pruche du Canada

1. Petite aiguille molle et aplatie, pétiolée sommairement
2. Cône femelle
3. Écorce de petit arbre
4. Écorce d'arbre adulte

Sapin baumier

Abies balsamea **(L.) Mill.**
Balsam fir
(Pinacées)

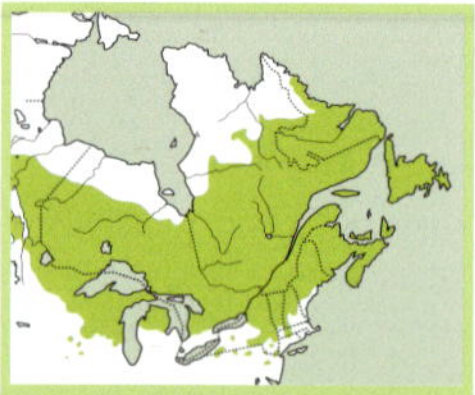

Taille et port : Conifère pouvant atteindre 25 m de hauteur et 70 cm de diamètre. Tronc droit et peu dégarni au niveau du sol. Branches horizontalement étagées ; ramure conique très régulière. Cime effilée.

Écorce : Lisse, grisâtre, garnie de vésicules de résine sur les individus à faible diamètre ; rugueuse et irrégulière chez l'arbre mature.

Feuille : Aiguille plate et linéaire (15-25 mm) ; dessus vert luisant, dessous blanchâtre ; disposée sur deux rangs le long du rameau.

Fructification (cône femelle) : Oblong (4-10 cm), résineux et dressé sur le rameau. Mature à l'automne suivant la pollinisation, le cône femelle se disloque ensuite. L'axe central nu, demeurant sur l'arbre parfois quelques années, s'observe à l'occasion.

Habitat : Sols variés, mais affiche une préférence pour les sites mésiques, moyennement drainés.

À noter : Très tolérant à l'ombre. Se distingue des épinettes par ses aiguilles aplaties et sa cime en flèche, et de la pruche du Canada par la longueur de ses aiguilles, sa forme très conique et sa ramure régulière. S'associant avec d'autres essences, il forme différents domaines de sapinières. Arbre emblème du Nouveau-Brunswick.

Sapin baumier

1. Longue aiguille aplatie, sessile
2. Cônes femelles
3. Écorce de petit arbre
4. Écorce d'arbre adulte

Bouleau gris (bouleau à feuilles de peuplier)

***Betula populifolia* Marsh.**

Gray birch

(Bétulacées)

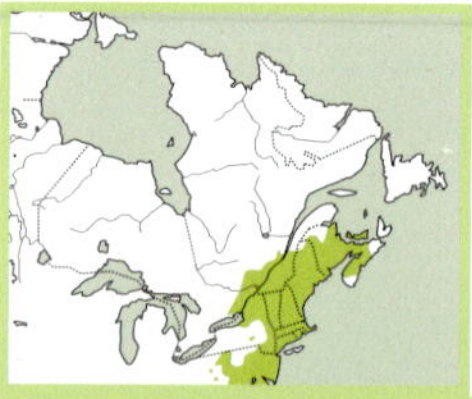

Taille et port : Petit feuillu pouvant atteindre 12 m de hauteur et 17 cm de diamètre. Tronc souvent recourbé, arqué. Cime étroite, irrégulière, clairsemée.

Écorce : Brun rougeâtre, mince et lisse chez les très jeunes tiges, devenant blanche ou gris très pâle en vieillissant. Présence de taches triangulaires noires sous les points d'insertion des branches. S'exfolie difficilement.

Feuille : Triangulaire (4-7 cm), alterne, simple, longuement acuminée, dentée grossièrement. Dessus vert luisant, dessous plus pâle et glabre.

Fleur : Chaton allongé mâle formé en automne. S'observe en hiver (2 cm) et jusqu'au temps de la pollinisation (6-10 cm).

Fruit : Chaton femelle cylindrique (1,5-2 cm) portant des nucules qui tombent à la fin de l'automne.

Habitat : Sols secs et sablonneux, mais aussi humides ou pauvres. Champs en friche, pâturages abandonnés, forêts récemment exploitées.

À noter : Très intolérant à l'ombre. S'observe souvent en peuplement pur, mais sera vite remplacé par des essences de plus grande longévité et qui tolèrent mieux l'ombre. Beaucoup moins boréal que le bouleau blanc.

Bouleau gris

1. Feuille triangulaire se terminant en une longue pointe
2. Chaton mâle en automne
3. Chaton femelle à maturité (fin de l'été)
4. Écorce de petit arbre avec taches noires aux points d'insertion des branches
5. Écorce d'arbre adulte

Bouleau blanc (bouleau à papier)

Betula papyrifera Marsh.

White birch

(Bétulacées)

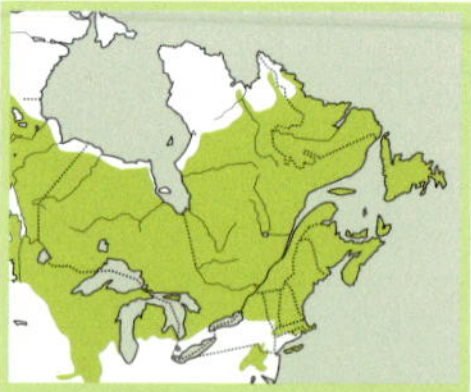

Taille et port: Feuillu de taille moyenne pouvant atteindre 25 m de hauteur et 40 cm de diamètre. Tronc élancé, parfois sinueux. Branches principales ascendantes. Cime ovale, étalée, clairsemée.

Écorce: Rouge foncé, mince et lisse chez les très jeunes tiges, devenant rosâtre puis blanc crème à maturité. S'exfolie facilement en longues lanières épaisses.

Feuille: Ovale (5 à 10 cm), alterne, simple, acuminée, doublement dentée; arrondie, rectiligne ou légèrement cordée à la base. Dessus vert mat, dessous plus pâle (plus ou moins pubescent).

Fleur: Chaton allongé mâle formé en automne. S'observe en hiver (1-3 cm) et jusqu'au temps de la pollinisation (8-10 cm).

Fruit: Chaton femelle cylindrique (3-5 cm), pendant, portant des nucules (1,5-2,5 mm) qui tombent à la fin de l'été.

Habitat: Sols très variés, mais préférence pour les sites secs.

À noter: Très intolérant à l'ombre. Essence nordique dont l'aire de répartition atteint le 58e parallèle.

Bouleau blanc

1. Feuille à pétiole plutôt long
2. Chatons mâles au début de l'hiver
3. Chaton femelle en automne
4. Écorce de petit arbre
5. Écorce d'arbre adulte

Bouleau à feuilles cordées

***Betula cordifolia* Regel**

Mountain paper birch

(Bétulacées)

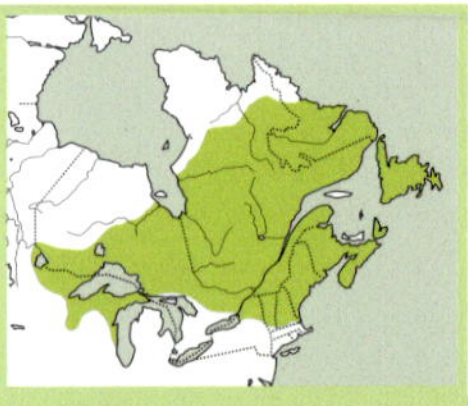

Taille et port : Feuillu de taille moyenne pouvant atteindre 25 m de hauteur et 70 cm de diamètre. Tronc élancé, branches principales étalées horizontalement. Cime large.

Écorce : Rouge foncé, mince et lisse comme le bouleau blanc chez les très jeunes tiges ; devenant blanche et d'apparence un peu cuivrée à maturité. S'exfolie facilement en feuilles minces, multicouches, donnant à l'arbre un air débraillé.

Feuille : Ovale (6 à 12 cm), alterne, simple, acuminée, doublement dentée, généralement cordée à la base. Dessus vert mat, ponctuée de très petites glandes résinifères à la surface.

Fleur : Chaton allongé mâle formé en automne. S'observe en hiver (2-4 cm) et jusqu'au temps de la pollinisation (8-10 cm).

Fruit : Chaton femelle cylindrique (3,5-5 cm), pendant, portant des nucules légèrement plus grosses que celles du fruit du bouleau blanc (2-3 mm).

Habitat : Sols variés, avec une préférence pour les sites humides. Se retrouve davantage en altitude (généralement au-dessus de 800 m) dans le sud de son aire (dans les Appalaches notamment).

À noter : Intolérant à l'ombre. Essence de l'est du Canada, typique des sites frais et humides des montagnes appalachiennes. Considérée comme une variété du bouleau blanc (*Betula papyrifera* var. *cordifolia*) par plusieurs botanistes, comme une espèce à part entière pour d'autres.

1

2

3

4

5

Bouleau à feuilles cordées

1. Feuille généralement cordée à la base, au dessus vert mat
2. Chatons mâles en automne
3. Chaton femelle en automne
4. Écorce de petit arbre
5. Écorce d'arbre adulte

Bouleau jaune

***Betula alleghaniensis* Britton**
Yellow birch
(Bétulacées)

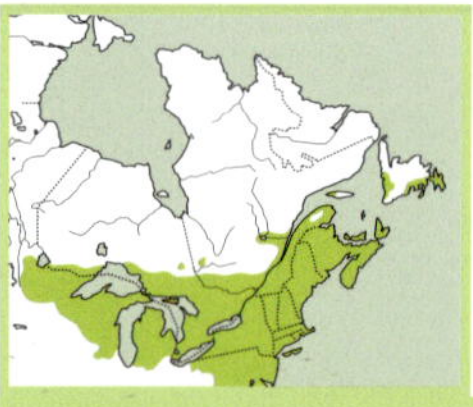

Taille et port : Feuillu de taille moyenne pouvant atteindre 25 m de hauteur et 60 cm de diamètre (parfois plus dans les deux cas). Tronc droit, parfois sinueux. Grosses branches fortes formant une ramure ovale. Cime arrondie.

Écorce : Brun rougeâtre, mince et luisante chez les très jeunes tiges, devenant jaune grisâtre, puis cuivrée ou bronzée avec l'âge. Présence de feuillets frisés chez les arbres matures, mais ne s'exfoliant pas facilement comme chez le bouleau blanc.

Feuille : Ovale (8 à 11 cm), alterne, simple, échancrée à la base et élancée, doublement dentée. Dessus vert foncé, dessous plus pâle.

Fleur : Chaton allongé mâle formé en automne. S'observe en fin d'automne ou en hiver (2 cm) et jusqu'au temps de la pollinisation (8 cm).

Fruit : Chaton femelle cylindrique (3 cm), dressé, portant des nucules matures à la fin de l'été suivant la pollinisation, tombant dans les mois qui suivent. L'axe persiste parfois sur l'arbre tout l'hiver.

Habitat : Sols riches, de bien drainés à humides.

À noter : Modérément tolérant à l'ombre. On le désigne parfois encore, à tort, sous le nom de merisier. Il s'associe à l'érable à sucre dans le domaine de l'érablière à bouleau jaune. La saveur de l'écorce et des rameaux rappelle celle de la gaulthérie couchée (le thé des bois). Arbre emblème du Québec.

Bouleau jaune

1. Feuille à pétiole plutôt court
2. Chatons mâles en automne
3. Chatons femelles à la fin de l'été
4. Écorce de petit arbre
5. Écorce d'arbre adulte

Ostryer de Virginie

***Ostrya virginiana* (Mill.) K. Koch**
Ironwood
(Bétulacées)

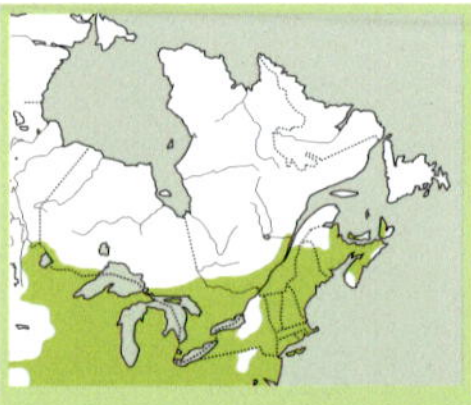

Taille et port : Petit feuillu pouvant atteindre 12 m de hauteur et 25 cm de diamètre (parfois plus dans les deux cas). Tronc mince et droit ; branches longues et menues. Cime conique et étalée.

Écorce : Gris brun, se divisant en de longues et étroites écailles rectangulaires, retroussées aux extrémités.

Feuille : Ovale (7-12 cm), alterne (en deux rangées sur le rameau), simple, acuminée, doublement dentée. Dessus vert jaunâtre ; dessous très légèrement plus pâle et pubescent (doux au toucher).

Fleur : Fleur mâle en chaton pendant (1,5-5 cm de longueur) ; fleur femelle en grappe allongée au bout des nouvelles feuilles.

Fruit : Nucule dans une enveloppe luisante et pubescente (1,5 cm), groupée avec d'autres sur une grappe pendante, mûre à la fin de l'été et tombant au cours de l'hiver suivant.

Habitat : Sols secs : versants et crêtes des peuplements de feuillus riches.

À noter : Tolère l'ombre. On le désigne aussi sous le nom de « bois de fer ». Arbre très rare dans l'île du Prince-Édouard.

Ostryer de Virginie

1. Feuille doublement dentée
2. Chatons mâles et fleurs femelles au temps de la pollinisation
3. Nucules en grappe pendante (en fin d'été)
4. Écorce de petit arbre
5. Écorce d'arbre adulte

Chêne rouge

Quercus rubra L.
Red oak
(Fagacées)

Taille et port: Feuillu de taille moyenne pouvant atteindre 25 m de hauteur et 90 cm de diamètre (parfois plus dans les deux cas). Tronc long, branches fortes. Cime arrondie et assez symétrique.

Écorce: Lisse, gris rougeâtre foncé chez le petit arbre; apparition de larges crevasses peu profondes et de crêtes pâles, dures et aplaties avec la maturité.

Feuille: Lobée (10-20 cm), alterne, simple, 7 à 9 lobes à pointes acérées. Dessus vert mat; dessous plus pâle.

Fleur: Fleur mâle en long chaton pendant; fleur femelle petite, solitaire, à l'aisselle des feuilles des nouvelles pousses.

Fruit: Gland trapu (1,2-2,5 cm), inséré dans une cupule enserrant le tiers ou le quart du gland. Les écailles de la cupule sont minces, glabres, d'un brun rougeâtre.

Habitat: Sols secs ou mésiques: crêtes, versants rocheux ou rocailleux.

À noter: Modérément tolérant à l'ombre. Le chêne le plus commun du Québec et des Maritimes. Un peuplement où il domine est une chênaie à chêne rouge. Des feuilles mortes persistent souvent sur l'arbre en hiver. Arbre emblème de l'Île-du-Prince-Édouard.

1

2

3

4

5

6

Chêne rouge

1. Feuille à nombreux lobes pointus
2. Fleur mâle en long chaton pendant
3. Gland à écailles minces, glabres, d'un brun rougeâtre
4. Écorce de petit arbre
5. Écorce d'arbre adulte
6. Écorce de vieil arbre

Chêne bicolore (chêne bleu)

Quercus bicolor Willd.
Swamp white oak
(Fagacées)

Taille et port: Feuillu de taille moyenne pouvant atteindre 22 m de hauteur et 90 cm de diamètre. Tronc souvent fourchu à mi-hauteur. Branches supérieures ascendantes; branches basses souvent tordues et retombantes. Cime arrondie et bien étalée.

Écorce: Gris brun pâle et très écailleuse chez le petit arbre, marquée de longs sillons fins et de crêtes aplaties à maturité.

Feuille: Lobée (12-17 cm), alterne, simple, de forme variable (mais toujours plus large dans la partie supérieure). Sinus peu profonds et lobes à pointes légèrement arrondies. Dessus vert foncé luisant; dessous plus pâle et pubescent.

Fleur: Fleur mâle en long chaton pendant; fleur femelle solitaire à l'aisselle des feuilles des nouvelles pousses.

Fruit: Gland (2-3 cm), longuement pédonculé (pédoncule de 2-10 cm), inséré dans une cupule à rebord peu frangé, enserrant le tiers ou la moitié du gland. Cupule aux écailles renflées et dont l'extrémité se termine en pointe.

Habitat: Sols humides: basses terres le long des cours d'eau, rivages, marécages.

À noter: Modérément tolérant à l'ombre. Arbre peu commun et à répartition restreinte (dans l'extrême sud-ouest du Québec seulement), susceptible d'être désigné menacé ou vulnérable au Québec.

Chêne bicolore

1. Feuille à sinus peu profonds et à pointes légèrement arrondies
2. Fleur mâle en chaton pendant
3. Gland à cupule aux écailles renflées et dont l'extrémité se termine en pointe
4. Écorce de petit arbre
5. Écorce d'arbre adulte

Chêne blanc

Quercus alba L.
White oak
(Fagacées)

Taille et port : Grand feuillu pouvant atteindre 35 m de hauteur et 1,2 m de diamètre. Tronc large et droit, branches bien étalées horizontalement. Cime courte et arrondie.

Écorce : Gris brunâtre pâle, écailleuse chez le petit arbre ; grisâtre, marquée de fissures peu profondes et de crêtes aplaties à maturité.

Feuille : Lobée (10-20 cm), alterne, simple, 5-9 lobes étroits, à pointes largement arrondies. Dessus vert éclatant ; dessous plus pâle.

Fleur : Fleur mâle en long chaton pendant ; fleur femelle solitaire à l'aisselle des feuilles des nouvelles pousses.

Fruit : Gland plus allongé et légèrement plus petit (1,2-2 cm) que celui du chêne rouge, inséré dans une cupule coriace, au rebord non frangé, enserrant le quart du gland. Les écailles de la cupule sont épaisses et couvertes d'aspérités.

Habitat : Sols secs, parfois sablonneux : crêtes et versants rocheux.

À noter : Modérément tolérant à l'ombre. Arbre peu commun, présent surtout dans l'Outaouais, où il peut néanmoins être dominant à l'occasion. Susceptible d'être désigné menacé ou vulnérable au Québec.

1

2

3

4

5

Chêne blanc

1. Feuille à lobes étroits et à pointes largement arrondies
2. Fleur mâle en long chaton pendant
3. Gland à cupule aux écailles épaisses et couvertes d'aspérités
4. Écorce de petit arbre
5. Écorce d'arbre adulte

Chêne à gros fruits

Quercus macrocarpa **Michx.**

Bur oak

(Fagacées)

Taille et port : Petit feuillu pouvant atteindre 15 m de hauteur et 60 cm de diamètre. Tronc droit, branches de la partie supérieure ascendantes, branches basses horizontales.

Écorce : Gris rougeâtre, striée et rugueuse chez le petit arbre ; présence de sillons et de crêtes grises et sombres à maturité.

Feuille : Lobée (15 à 30 cm), alterne, simple, de forme variable (souvent plus large dans la partie supérieure). Certaines feuilles ressemblent beaucoup à celles du chêne blanc ou du chêne bicolore. Lobes à pointes largement arrondies ; sinus souvent très profonds. Dessus vert luisant ; dessous plus pâle et pubescent.

Fleur : Fleur mâle en chaton pendant ; fleur femelle solitaire à l'aisselle des feuilles des nouvelles pousses.

Fruit : Gland (2-3 cm), entièrement ou presque sessile, inséré dans une grosse cupule très frangée enserrant la moitié du gland ou davantage. Les écailles de la cupule sont bouffies et pointues.

Habitat : Sols humides et riches, souvent argileux : basses terres, pentes douces au sol profond, sites calcaires.

À noter : Modérément tolérant à l'ombre. Absent des Maritimes, sauf au Nouveau-Brunswick, où il est rare. Les teintes plus sombres du tronc, la partie supérieure plus large de certaines feuilles, la cupule frangée enserrant au moins la moitié du gland et l'habitat permettent de le distinguer du chêne blanc ; le gland entièrement ou presque sessile le distingue du chêne bicolore.

Chêne à gros fruits

1. Feuille de forme variable (mais dont au moins deux sinus sont souvent très profonds)
2. Fleur mâle en long chaton pendant
3. Gland à cupule aux écailles épaisses et couvertes d'aspérités
4. Écorce de petit arbre
5. Écorce d'arbre adulte

Hêtre à grandes feuilles

***Fagus grandifolia* Ehrh.**

American beech

(Fagacées)

Taille et port : Feuillu de taille moyenne pouvant atteindre 25 m de hauteur et 1 m de diamètre (parfois plus dans les deux cas). Tronc droit, cime large.

Écorce : Lisse (même à maturité), gris bleu pâle, bosselée.

Feuille : Ovale (6 à 14 cm), alterne, simple, dentée grossièrement. Cireuse et rigide au toucher. Dessus vert satiné ; dessous plus pâle.

Fleur : Fleur mâle en groupes pendant au bout de longs pédoncules ; fleur femelle solitaire à l'aisselle des nouvelles feuilles.

Fruit : Petite noix (1,8-2,2 cm) appelée faîne, protégée dans un brou vert jaunâtre hérissé de pointes dont l'extrémité est teintée de rouge.

Habitat : Sols bien drainés à modérément humides.

À noter : Très tolérant à l'ombre. Arbre à croissance lente de fin de succession, associé à la pruche et à l'érable à sucre dans les forêts matures. Dans le sous-bois, les feuilles des petits hêtres persistent en hiver.

1

2

3

4

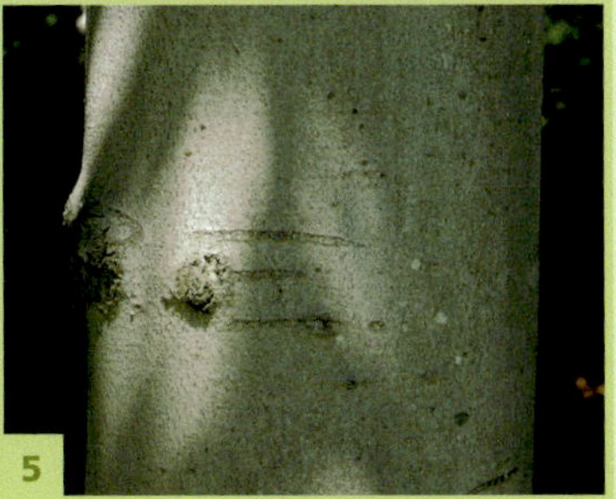
5

Hêtre à grandes feuilles

1. Feuille cireuse, vert satiné

2. Fleurs mâles groupées au bout de longs pédoncules

3. Noix dissimulée dans une enveloppe hérissée de pointes

4. Écorce de petit arbre

5. Écorce d'arbre adulte

Noyer cendré

Juglans cinerea L.
Butternut
(Juglandacées)

Taille et port : Feuillu de taille moyenne pouvant atteindre 25 m de hauteur et 75 cm de diamètre. Tronc souvent fourchu, se divisant rapidement en quelques grosses branches principales. Ramure claire, cime large et arrondie.

Écorce : Brun pâle striée de rainures rougeâtres chez le petit arbre ; grisâtre avec sillons étroits et crêtes aplaties s'entrecroisant à maturité.

Feuille : Alterne, composée de 11 à 17 folioles lancéolées, finement dentées. Long pétiole rigide et pubescent (30 à 60 cm). Dessus vert jaunâtre ; dessous plus pâle et pubescent.

Fleur : Fleur mâle en long chaton (6-14 cm) ; fleur femelle en groupe dressé sur les pousses terminales.

Fruit : Noix enveloppée dans un brou épais (5-8 cm), pubescent et collant, ovoïde.

Habitat : Sols mésiques et modérément humides : sites calcaires, pentes douces, rives des cours d'eau, basses terres fertiles.

À noter : Intolérant à l'ombre. De plus en plus d'individus sont victimes d'un champignon, le chancre du noyer cendré qui, une fois installé, tue les arbres de façon irrémédiable. Occasionnel dans le sud du Québec ; peu commun au Nouveau-Brunswick (dans le Sud-Ouest seulement, notamment dans la forêt de feuillus de la vallée de la rivière Saint-Jean) ; absent de la Nouvelle-Écosse ; introduit à l'île du Prince-Édouard. À l'échelle canadienne, le Comité sur la situation des espèces en péril au Canada (COSEPAC) lui a donné en novembre 2003 le statut d'espèce en voie de disparition.

NOYER CENDRÉ

1. Longue feuille composée (11 à 17 folioles) de plus de 25 cm de longueur
2. Fleurs mâles en long chaton pendant
3. Noix dissimulée dans une enveloppe épaisse, ovoïde, au duvet dense
4. Écorce de petit arbre
5. Écorce d'arbre adulte

Caryer cordiforme

Carya cordiformis **(Wang.) K. Koch**
Bitternut hickory
(Juglandacées)

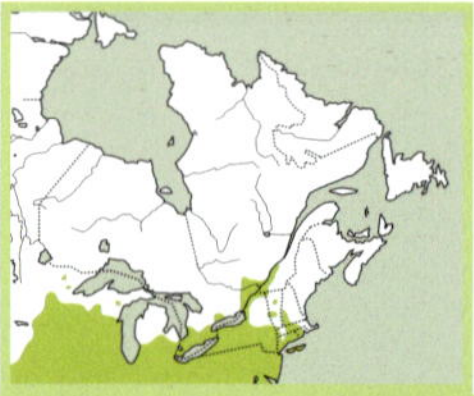

Taille et port : Feuillu de taille moyenne pouvant atteindre 25 m de hauteur et 50 cm de diamètre. Tronc long et dégarni. Ramure ovoïde, cime courte et arrondie.

Écorce : Gris pâle striée de rainures jaune grisâtre et de crêtes rougeâtres chez le petit arbre ; creusée de sillons étroits et peu profonds à maturité.

Feuille : Alterne, composée de 7 à 11 (rarement 5) folioles lancéolées, grossièrement dentées sur un pétiole pubescent de 15 à 20 cm de long. Dessus vert foncé luisant ; dessous plus pâle et pubescent.

Fleur : Fleur mâle en long chaton pendant ; fleur femelle en groupe dressé sur les nouvelles pousses terminales.

Fruit : Noix enveloppée dans un brou mince (2-3,5 cm), au duvet vert jaunâtre, marquée de 4 crêtes se rejoignant en une pointe courte.

Habitat : Sols mésiques à modérément humides, basses terres riches et sites calcaires.

À noter : Tolère l'ombre. L'amande contenue dans le fruit est si amère que peu d'animaux la consomment, mis à part les écureuils en temps de disette. Sa présence dans les érablières matures du sud du Québec caractérise le domaine de l'érablière à caryer cordiforme.

1

2

3

4

5

Caryer cordiforme

1. Feuille composée de 7 à 11 folioles (rarement 5)
2. Fleurs mâles en long chaton pendant
3. Enveloppe du fruit à quatre crêtes se rejoignant en une pointe
4. Écorce de petit arbre
5. Écorce d'arbre adulte

Caryer ovale

***Carya ovata* (Mill.) K. Koch**
Shagbark hickcory
(Juglandacées)

Taille et port : Feuillu de taille moyenne pouvant atteindre 25 m de hauteur et 60 cm de diamètre. Tronc long, droit, dégarni de branches jusqu'à mi-hauteur, parfois même sur les trois quarts de sa longueur. Cime courte et presque plate.

Écorce : Gris foncé, plaques minces déjà déchiquetées chez le petit arbre, s'effilochant de plus en plus avec l'âge ; longues lamelles écailleuses retroussées aux deux extrémités à maturité.

Feuille : Alterne, composée de 5 à 7 folioles, dentées, larges au milieu et s'atténuant vers les extrémités, étalées sur un pétiole de 15 à 25 cm de longueur. Dessus vert jaunâtre ; dessous plus pâle et un peu pubescent.

Fleur : Fleur mâle en chaton pendant, réunie en groupe de trois ; fleur femelle en petit groupe dressé sur les pousses terminales.

Fruit : Noix enveloppée dans un brou épais (3-6 cm), sphérique, ressemblant vaguement à une petite citrouille miniature.

Habitat : Sols mésiques à modérément humides, souvent argileux ; basses terres riches.

À noter : Tolère l'ombre. L'amande fait le délice de beaucoup de petits mammifères, dont les écureuils, qui s'en gavent en fin d'été. Se retrouve dans le corridor du Saint-Laurent, jusqu'à Trois-Rivières.

Caryer ovale

1. Feuille composée de 5 à 7 folioles
2. Fleurs mâles en chaton
3. Amande dissimulée dans une enveloppe sphérique, épaisse et dure
4. Écorce de petit arbre
5. Écorce d'arbre adulte

Peuplier baumier

***Populus balsamifera* L.**

Balsam poplar

(Salicacées)

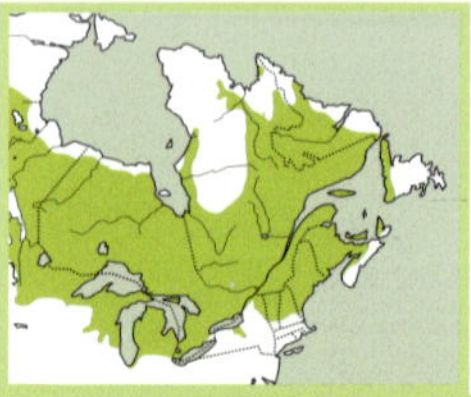

Taille et port : Feuillu de taille moyenne pouvant atteindre 25 m de hauteur et 50 cm de diamètre. Tronc fourchu à mi-hauteur. Ramure ascendante, à grosses branches.

Écorce : Vert brunâtre, lisse chez le petit arbre ; devenant rougeâtre, grisâtre et plus foncée, marquée de sillons et de crêtes écailleuses et aplaties à maturité.

Feuille : Ovale (7-10 cm), alterne, simple, acuminée, à dentelure fine et arrondie. Dessus vert foncé ; dessous plus pâle et un peu roux.

Fleur : Chatons pendants mâle et femelle avant l'apparition des feuilles.

Fruit : Chaton femelle (10-13 cm) portant des capsules ovoïdes glabres, s'ouvrant en deux à maturité.

Habitat : Sols humides : rives des cours d'eau, basses terres riches et moyennement bien drainées.

À noter : Intolérant à l'ombre. Aire de répartition très nordique. Abondant au nord. S'hybride avec le peuplier deltoïde sous le nom de peuplier hybride de Jack (*Populus x jackii* Sarg.).

Peuplier baumier

1. Feuille ovale à pétiole cylindrique
2. Fleurs mâles en chaton
3. Fruits portés sur un chaton femelle pendant
4. Écorce de petit arbre
5. Écorce d'arbre adulte

Peuplier à grandes dents

***Populus grandidentata* Michx.**

Largetooth aspen

(Salicacées)

Taille et port : Feuillu de taille moyenne pouvant atteindre 20 m de hauteur et 30 cm de diamètre. Tronc long. Ramure ovale, cime arrondie.

Écorce : Vert grisâtre, légèrement teintée d'orangé, lisse chez le petit arbre ; marquée de petits losanges avec le temps ; vert jaunâtre foncé à maturité, se crevassant profondément et devenant progressivement plus grise chez les arbres les plus vieux.

Feuille : D'ovale à presque ronde (5-10 cm), alterne, simple, crénelée, affichant de 7 à 15 grandes dents arrondies et inégales de chaque côté. Dessus vert foncé ; dessous plus pâle et légèrement pubescent (seulement au printemps).

Fleur : Chatons pendants mâle et femelle avant l'apparition des feuilles.

Fruit : Chaton femelle (10-12 cm) portant des capsules étroites, pubescentes, s'ouvrant en deux à maturité.

Habitat : Sols variés : humides ou secs, pauvres ou fertiles, mais la plupart du temps perturbés.

À noter : Intolérant à l'ombre. Se distingue du peuplier faux-tremble par la coloration plus foncée et moins verte de son tronc, et les grosses dents irrégulières de sa feuille.

Peuplier à grandes dents

1. Feuille ovale à grandes dents et à pétiole aplati
2. Fleurs mâles en chaton
3. Fruits en chatons femelles pendants
4. Écorce de petit arbre
5. Écorce d'arbre adulte

Peuplier faux-tremble

Populus tremuloides Michx.
Trembling aspen
(Salicacées)

Taille et port : Feuillu de taille moyenne pouvant atteindre 25 m de hauteur et 40 cm de diamètre. Tronc long et droit, dégarni sur la majeure partie de sa longueur. Cime arrondie et clairsemée.

Écorce : Vert pâle et lisse chez la jeune tige ; vert gris très pâle et marquée de traits sombres horizontaux chez le jeune arbre ; s'écaillant et devenant plus sombre à la base du tronc chez les plus vieux sujets.

Feuille : Ovale (3-7 cm), alterne, simple, affichant de 20 à 30 petites dents fines de chaque côté. Dessus vert foncé ; dessous plus jaunâtre. Le limbe s'agite au moindre souffle de vent faisant ainsi « trembler » tout le feuillage.

Fleur : Chatons pendants mâle et femelle avant l'apparition des feuilles.

Fruit : Chaton femelle (10 cm) portant des capsules étroites, glabres, s'ouvrant en deux à maturité.

Habitat : Sols variés, mais la plupart du temps perturbés (anciennes terres agricoles, sites exploités par l'industrie forestière, brûlis, etc.).

À noter : Très intolérant à l'ombre. Le peuplier le plus abondant du Québec et des Maritimes.

Peuplier faux-tremble

1. Feuille à dents fines et à pétiole aplati
2. Fleurs mâles en chaton
3. Fruits portés sur un chaton femelle pendant
4. Écorce de petit arbre
5. Écorce d'arbre adulte

Peuplier deltoïde

Populus deltoides **Bartr. ex Marsh.**
Eastern cottonwood
(Salicacées)

Taille et port : Grand feuillu pouvant atteindre 30 m de hauteur et 1 m de diamètre. Tronc court, massif, rapidement fourchu. Grosses branches principales ascendantes. Cime large, étalée, clairsemée.

Écorce : Gris jaunâtre et lisse chez la jeune tige ; s'écaillant rapidement chez le petit arbre ; grise et marquée de plaques épaisses et de crevasses profondes à maturité.

Feuille : Triangulaire (5-10 cm), alterne, simple, crénelée (grosses dents arrondies). Pendante au bout d'un long pétiole. Dessus vert luisant, vif ; dessous un peu plus pâle.

Fleur : Chatons pendants mâle et femelle avant l'apparition des feuilles.

Fruit : Chaton femelle (15-25 cm) portant des capsules ovoïdes, s'ouvrant en trois ou quatre à maturité.

Habitat : Sols riches et humides : basses terres alluviales, plaines fertiles aux abords des cours d'eau, rives des grandes rivières.

À noter : Très intolérant à l'ombre. Le plus grand de nos peupliers. Conserve ses feuilles longtemps, jusque tard en automne.

1

2

3

4

5

Peuplier deltoïde

1. Feuille triangulaire à grosses dents arrondies et à pétiole aplati
2. Fleurs mâles en chaton
3. Fruits portés sur un long chaton femelle pendant
4. Écorce de petit arbre
5. Écorce d'arbre adulte

Saule à feuilles de pêcher

Salix amygdaloides Andersson
Peachleaf willow
(Salicacées)

Taille et port : Feuillu de taille moyenne pouvant atteindre 20 m de hauteur et 40 cm de diamètre. Souvent réuni en bouquets de plusieurs tiges penchées. Cime large, irrégulière.

Écorce : Brun rougeâtre et lisse chez le jeune arbre ; plus grisâtre et affichant de larges crêtes aplaties à maturité.

Feuille : Lancéolée (5-14 cm), mince, longuement acuminée, dentée. Long pétiole (6-15 cm). Stipule absente. Dessus vert ; dessous nettement blanchâtre. La nervure médiane du dessous de la feuille est aplatie au toucher.

Fleur : Chatons mâle (à fleurs verticillées, 3-6 cm) et femelle (à fleurs lâches, 4-9 cm) portés sur des pousses au moment de l'ouverture des feuilles.

Fruit : Chaton femelle (4-9 cm) portant des capsules oblongues s'ouvrant en deux à maturité.

Habitat : Sols très humides : rivage des cours d'eau lents, marécages, dépressions.

À noter : Le genre *Salix* comprend plus de quarante espèces arbustives et arborescentes, difficiles à identifier, au Québec et dans les Maritimes. Mais seules deux espèces indigènes y atteignent la stature d'arbre de grande taille : le saule noir et le saule à feuilles de pêcher (peu commun, qui se distingue du saule noir par l'absence de stipule et des autres saules arborescents non indigènes par la forme de la feuille).

Saule à feuilles de pêcher

1. Feuille plutôt large, à long pétiole, longuement acuminée, inégale à la base (saule à feuilles de pêcher)
2. Dessous de la feuille du saule à feuilles de pêcher nettement blanchâtre
3. Feuille (et fruit) du saule fragile (*S. fragilis*), étroite et à base égale
4. Écorce de petit arbre
5. Écorce d'arbre adulte

Saule noir

***Salix nigra* Marsh.**
Black willow
(Salicacées)

Taille et port : Petit feuillu pouvant atteindre 12 m de hauteur et 30 cm de diamètre. Tronc fourchu, souvent penché. Branches étalées. Cime large, irrégulière.

Écorce : Brun verdâtre et lisse chez la jeune pousse ; devenant brun très foncé avec l'âge, marquée de sillons et de crêtes aplaties et écailleuses à maturité.

Feuille : Lancéolée (8-14 cm), très étroite, longuement acuminée, dentée. Court pétiole (3-6 cm). Stipule présente. Dessus vert ; dessous plus pâle.

Fleur : Chatons mâle et femelle de 2-7 cm, portés sur des pousses au moment de l'ouverture des feuilles.

Fruit : Chaton femelle portant des capsules ovoïdes et glabres.

Habitat : Sols humides : bordure des cours d'eau, des marais et des marécages.

À noter : Intolérant à l'ombre. Le saule indigène le plus fréquemment rencontré. Absent des Maritimes, sauf au Nouveau-Brunswick, où il est rare et ne se trouve que dans une aire restreinte dans le Sud. Se distingue de l'autre saule arborescent indigène (saule à feuilles de pêcher) par sa feuille très étroite et son court pétiole, et des autres saules arborescents introduits dans nos régions (saule blanc hybride et saule fragile) par la présence d'une stipule persistante.

1

2

3

4

Saule noir

1. Feuille étroite du saule noir, à court pétiole et à stipule persistante
2. Chatons mâles du saule noir
3. Feuille (et fruit) du saule blanc hybride (*Salix alba x S. fragilis*, ou *S. x rubens*), sans stipule
4. Écorce d'arbre adulte

Orme d'Amérique

Ulmus americana L.

White elm

(Ulmacées)

Taille et port : Grand feuillu pouvant atteindre 35 m de hauteur et 1,75 m de diamètre. Tronc droit, se divisant à mi-hauteur en quelques branches principales ascendantes. Cime haute, large, plate, en forme de parasol.

Écorce : Rouge brunâtre et striée de rainures peu profondes chez le petit arbre ; grisâtre et écailleuse à maturité, marquée de plaques larges et épaisses.

Feuille : Ovale (10-15 cm), alterne, simple, doublement dentée, base asymétrique. De 15 à 20 nervures de chaque côté, se ramifiant rarement à leur tour (2 ou 3 nervures ramifiées par côté, la plupart du temps à la base ou au sommet de la feuille). Dessus vert foncé un peu rugueux (parfois lisse) ; dessous plus pâle et un peu pubescent.

Fleur : Petite, sans pétale, portée sur un pédicelle individuel (en fascicules), très peu apparente, observable avant l'ouverture des feuilles.

Fruit : Petite samare ovale (8-10 mm), mince et lisse mais garnie de poils à son pourtour seulement, à l'aile échancrée au sommet, à maturité fin mai, début juin.

Habitat : Sols riches et humides : plaines alluviales, rives fertiles, marécages, champs.

À noter : Modérément tolérant à l'ombre. En terrain dégagé, le port de l'arbre est aisément reconnaissable. Victime de la maladie hollandaise de l'orme : les grands ormes d'Amérique matures sont de plus en plus rares.

ORME D'AMÉRIQUE

1. Feuille peu rugueuse, à base asymétrique
2. Petites fleurs, sans pétale, en fascicules sur de longs pédicelles individuels
3. Samares ovales et lisses garnies de poils seulement à leur pourtour
4. Écorce de petit arbre
5. Écorce d'arbre adulte

Orme liège (orme de Thomas)
Ulmus thomasii Sarg.
Rock elm
(Ulmacées)

Taille et port : Feuillu de taille moyenne pouvant atteindre 25 m de hauteur et 75 cm de diamètre. Tronc droit ; branches principales courtes, souvent tordues, étalées horizontalement, couvertes d'écailles rugueuses ; présence de rameaux latéraux noirs et stériles. Cime étroite. Le port fait plutôt penser à un frêne qu'à un orme.

Écorce : Gris rougeâtre, à texture de liège chez le petit arbre ; grisâtre et marquée de crêtes plates et entrecroisées à maturité.

Feuille : Ovale (5-10 cm), alterne, simple, doublement dentée, à base presque symétrique. Dessus vert foncé un peu lustré, lisse ; dessous plus pâle et un peu pubescent.

Fleur : Petite, sans pétale, réunie en grappe, très peu apparente, observable avant l'ouverture des feuilles.

Fruit : Petite samare ovale (10-15 mm), mince, pubescente sur toutes ses surfaces, à bout pointu, à maturité fin mai, début juin.

Habitat : Sols secs, rocailleux, argileux, calcaires : coteaux rocheux, orées, clairières, clôtures de roches et bords de routes ; plante calcicole.

À noter : Modérément tolérant à l'ombre. Notre orme le plus rare, désigné espèce menacée au Québec. Présent dans le sud-ouest du Québec seulement (grande région de Montréal, bassin de la rivière des Outaouais jusque dans la région du Pontiac et dans la vallée de la Gatineau). Se distingue de l'orme d'Amérique par son port, ses rameaux liégeux souvent noirs, ses feuilles au dessus lisse et à la base presque symétrique, ses fleurs et fruits en grappe.

ORME LIÈGE

1. Feuille lisse, coriace, vert foncé
2. Fleurs, sans pétale, en grappe sur un pédoncule central
3. Samare ovale et mince, pubescente sur toutes ses surfaces
4. Rameau à texture de liège
5. Écorce de petit arbre
6. Écorce d'arbre adulte

Orme rouge

Ulmus rubra Mühl.
Slippery elm
(Ulmacées)

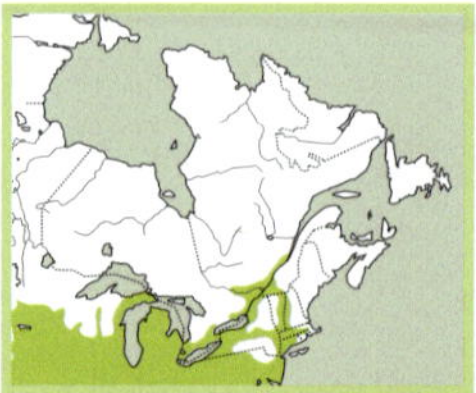

Taille et port : Feuillu de taille moyenne pouvant atteindre 25 m de hauteur et 60 cm de diamètre. Tronc droit, se divisant très haut en quelques branches principales ascendantes. Cime large, clairsemée, rappelant l'orme d'Amérique.

Écorce : Rouge brunâtre et striée de rainures peu profondes chez le petit arbre ; brun cuivré et marquée de plaques peu épaisses et irrégulières à maturité.

Feuille : Ovale (15-20 cm), alterne, simple, doublement dentée, base asymétrique. Une quinzaine de nervures de chaque côté, se ramifiant fréquemment près de la marge. Dessus vert foncé très rugueux ; dessous plus pâle et pubescent.

Fleur : Petite, sans pétale, groupée en ombelle sur un court pédoncule, très peu apparente, observable avant l'ouverture des feuilles.

Fruit : Petite samare presque ronde (10-15 mm), mince, garnie de poils au centre seulement (sur l'enveloppe protégeant la graine : le péricarpe), largement ailée et légèrement échancrée au sommet. Maturité fin mai, début juin.

Habitat : Sols riches, secs et rocheux ou humides en bordure des cours d'eau : plaines alluviales, pentes douces des coteaux riverains, sites calcaires.

À noter : Modérément tolérant à l'ombre. La rugosité de la feuille, la ramification des nervures, la forme de la samare et la présence de poils sur le péricarpe sont les critères qui permettent de le distinguer de l'orme d'Amérique. Nettement moins fréquent que ce dernier.

Orme rouge

1. Feuille rugueuse sur les deux faces
2. Nervures principales se ramifiant souvent en nervures secondaires près de la marge
3. Petites fleurs, sans pétale, en ombelle sur un court pédoncule
4. Samare presque ronde, garnie de poils seulement sur l'enveloppe protégeant la graine
5. Écorce de petit arbre
6. Écorce d'arbre adulte

Micocoulier occidental

Celtis occidentalis L.

Hackberry

(Ulmacées)

Taille et port : Petit feuillu pouvant atteindre 15 m de hauteur et 50 cm de diamètre. Tronc droit, se divisant à mi-hauteur en quelques branches principales ascendantes. Cime large.

Écorce : Brun grisâtre et striée de crêtes et de sillons chez le petit arbre ; gris bleuâtre et parcourue d'aspérités verruqueuses irrégulières à maturité.

Feuille : Ovale (6-9 cm), alterne, simple, acuminée, dentée (sauf dans la région de la base), souvent asymétrique à la base. Dessus vert foncé ; dessous plus pâle et pubescent le long des nervures.

Fleur : Fleur mâle verdâtre en grappe à la base des nouvelles pousses ; fleur femelle solitaire à l'aisselle des nouvelles feuilles, observable au moment de la feuillaison.

Fruit : Drupe en forme de baie (6-8 mm de diamètre), rouge foncé à noire à maturité (fin de l'été), à long pédoncule, persistante en hiver, souvent mangée par les oiseaux ou les mammifères.

Habitat : Sols riches et humides en bordure des cours d'eau : plaines alluviales, rivages rocailleux ou rocheux ; plante calcicole.

À noter : Modérément tolérant à l'ombre. S'observe sporadiquement dans le domaine de l'érablière à caryer cordiforme. Arbre susceptible d'être désigné menacé ou vulnérable au Québec.

1

2

3

4

5

MICOCOULIER OCCIDENTAL

1. Feuille dentée, acuminée, asymétrique (ou non) à la base
2. Fleurs mâles blanc verdâtre, petites, en grappe, visibles à la sortie des feuilles
3. Drupe solitaire, à maturité à la fin de l'été
4. Écorce de petit arbre
5. Écorce d'arbre adulte

Cerisier de Pennsylvanie (petit merisier)

Prunus pensylvanica **L. f.**

Pin cherry

(Rosacées)

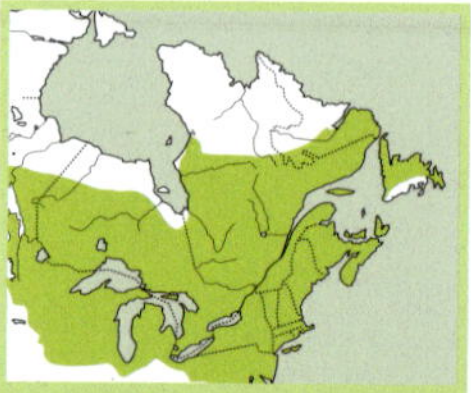

Taille et port : Petit feuillu pouvant atteindre 12 m de hauteur et 25 cm de diamètre. Tronc droit, ramure ovale à branches ascendantes, cime arrondie.

Écorce : Mince, lisse, luisante, rouge brunâtre foncé, traversée de larges lenticelles saillantes, plus pâles ; se détachant en minces feuillets avec l'âge.

Feuille : Ovale ou lancéolée (8-15 cm), alterne, simple, finement dentée (dents arrondies et inégales), mince, luisante sur les deux faces, vert jaunâtre.

Fleur : Blanche, à 5 pétales (5 mm de longueur), sur un pédoncule de 2 cm, réunie en groupe de 4 à 7, s'observe lorsque les feuilles sont à moitié ouvertes.

Fruit : Drupe rouge vif (6-8 mm de diamètre), peu charnue, réunie en petites grappes, sur un long pédoncule.

Habitat : Sols modérément bien drainés, mais perturbés (bordures des bois, sites exploités par l'industrie forestière, brûlis, etc.).

À noter : Intolérant à l'ombre. Arbre pionnier à faible longévité (une quarantaine d'années), le cerisier de Pennsylvanie fait partie de ces essences qui forment des forêts transitoires et préparent le terrain aux essences tolérantes à l'ombre et de grande longévité.

Cerisier de Pennsylvanie

1. Feuille luisante sur les deux faces
2. Fleurs blanches à 5 pétales
3. Drupes rouge vif, en petites grappes
4. Écorce de petit arbre
5. Écorce d'arbre adulte

Cerisier tardif

***Prunus serotina* Ehrh.**
Black cherry
(Rosacées)

Taille et port : Feuillu de taille moyenne pouvant atteindre 22 m de hauteur et 60 cm de diamètre. Tronc droit, branches souvent arquées et à l'extrémité réclinée, cime courte et arrondie.

Écorce : Mince, brun rougeâtre sombre, s'écaillant vite en plaques uniformes rectangulaires dont les rebords sont retroussés, et devenant plus grise à maturité.

Feuille : Ovale ou lancéolée (5-15 cm), alterne, simple, dentée (dents étroites et incurvées), épaisse, rigide. Dessus vert foncé lustré ; dessous plus pâle.

Fleur : Blanche, à 5 pétales, sur une grappe allongée (10-15 cm de longueur), s'observe lorsque les feuilles sont tout à fait ouvertes.

Fruit : Drupe (8-10 mm de diamètre), brun rouge très foncé, presque noire à maturité (fin de l'été), sur une grappe lâche et pendante.

Habitat : Sols riches et modérément bien drainés : orées des bois, rivages et coteaux rocheux.

À noter : Intolérant à l'ombre. Le plus grand des cerisiers de nos régions, et le seul à s'observer au sein des peuplements matures feuillus du Québec méridional et des Maritimes.

Cerisier tardif

1. Feuille épaisse et rigide, à petites dents arrondies et incurvées
2. Fleurs blanches à 5 pétales, en grappe allongée
3. Drupes presque noires à maturité, en longue grappe pendante
4. Écorce de petit arbre
5. Écorce d'arbre adulte

Tilleul d'Amérique

Tilia americana L.

Basswood

(Tiliacées)

Taille et port : Grand feuillu pouvant atteindre 35 m de hauteur et 1 m de diamètre. Tronc long et droit. Ramure ovale, symétrique. Cime arrondie.

Écorce : Lisse, vert brunâtre chez le petit arbre ; devenant grisâtre avec le temps et s'écaillant en de longues lamelles étroites et aplaties.

Feuille : Grande feuille (12-15 cm) en forme de cœur (cordiforme), souvent asymétrique, alterne, simple, dentée, acuminée. Dessus vert foncé ; dessous plus pâle.

Fleur : Jaune pâle, bien visible (1-1,3 cm) lors de la floraison (juillet), en cyme pendante sur un long pédoncule (muni d'une bractée foliacée caractéristique). Odorante.

Fruit : Capsule globuleuse (8-12 mm), pubescente, pendante sur un long pédoncule, vert-bleu puis brunâtre, persistante sur l'arbre en hiver.

Habitat : Sols riches et humides ou moyennement bien drainés : basses terres alluviales, pentes douces au sol profond, coteaux rocheux.

À noter : Tolère l'ombre. Sa floraison tardive (en juillet) est remarquable, et sa production de fruits est abondante (presque tous les ans). Absent des Maritimes, sauf au Nouveau-Brunswick (de peu commun à commun dans le sud-ouest de la province).

Tilleul d'Amérique

1. Grande feuille cordiforme
2. Fleurs jaunes, estivales, en cyme pendante sur un long pédoncule
3. Bractée foliacée distinctive supportant les fleurs et les fruits
4. Fruits globuleux, pubescents, persistants en hiver
5. Écorce de petit arbre
6. Écorce d'arbre adulte
7. Écorce de vieil arbre

Érable à feuilles composées (érable à Giguère)

Acer negundo L.
Manitoba maple
(Acéracées)

Taille et port : Petit feuillu pouvant atteindre 20 m de hauteur et 75 cm de diamètre. Tronc court, souvent tordu et penché. Grosses branches basses bien étalées. Cime large et asymétrique.

Écorce : Lisse, brun-gris pâle, vite marquée de sillons peu profonds ; affichant des crêtes dures, étroites et aplaties à maturité.

Feuille : Composée, opposée ; 3 à 9 folioles à dents grossières et irrégulières, acuminée, de forme variable. Dessus vert pâle ; dessous vert grisâtre.

Fleur : Fleur mâle petite, apétale, portée sur un long pédoncule ; fleur femelle petite, apétale, groupée sur un pédoncule central près de la base des nouvelles pousses.

Fruit : Samare double (disamare), dont les ailes (3-5 cm de longueur) forment généralement un angle plus petit que 45° (mais parfois jusqu'à 60°), groupée, pendante, à maturité en fin d'été, persistante sur l'arbre en hiver.

Habitat : Sols riches et humides : rivages, bordures des bois dans les plaines alluviales ; sites perturbés.

À noter : Intolérant à l'ombre. Arbre du centre et de l'est de l'Amérique du Nord, introduit au Québec en zone urbaine (fréquent surtout dans les domaines des érablières à caryer cordiforme et à tilleul) de même que dans les trois provinces maritimes.

Érable à feuilles composées

1. Feuille composée de 3 à 9 folioles à grosses dents irrégulières
2. Fleurs mâles (photo) et fleurs femelles portées sur des individus différents
3. Disamares en grappe pendante, persistantes
4. Écorce de petit arbre
5. Écorce d'arbre adulte

Érable argenté

Acer saccharinum L.

Silver maple

(Acéracées)

Taille et port : Grand feuillu pouvant atteindre 35 m de hauteur et 1 m de diamètre. Port variable : tronc court, se divisant souvent près du sol en quelques branches fortes et ascendantes en milieu ouvert ; tronc plus rectiligne en milieu fermé. Cime large et clairsemée.

Écorce : Lisse, gris argenté chez le petit arbre ; devenant gris sombre et couverte de longues lamelles étroites et aplaties à maturité.

Feuille : Simple (10 à 20 cm), lobée (5 lobes), opposée, dentée grossièrement, à sinus profonds, étroits et non dentés. Dessus vert tendre ; dessous plus pâle, gris argenté. Coloration automnale jaunâtre.

Fleur : Fleurs mâle et femelle petites, verdâtres ou rougeâtres, en corymbe ; peu visibles, presque sessiles près des bourgeons fermés le long des rameaux. La floraison, très printanière, précède la feuillaison de plusieurs semaines.

Fruit : Samare double (disamare), dont les ailes (4-7 cm) sont souvent inégales et forment un angle large de 75 à 90°. Parvient à maturité très tôt (fin du printemps) puis tombe rapidement.

Habitat : Sols riches et humides, souvent en zone inondable : rivages des cours d'eau lents, abords des marais et marécages, plaines alluviales.

À noter : Intolérant à l'ombre. C'est l'érable dont la floraison printanière est la plus précoce (une semaine au moins avant celle de l'érable rouge). Espèce introduite à l'île du Prince-Édouard. Domine souvent les peuplements forestiers marécageux du sud du Québec, appelés alors érablières à érable argenté.

1

2

3

4

5

ÉRABLE ARGENTÉ

1. Feuille lobée, à sinus profonds, étroits et non dentés
2. Fleurs mâles, apétales, très hâtives
3. Disamare à longues ailes, parvenant rapidement à maturité (fin du printemps), non persistante
4. Écorce de petit arbre
5. Écorce d'arbre adulte

Érable rouge

Acer rubrum L.

Red maple

(Acéracées)

Taille et port : Feuillu de taille moyenne pouvant atteindre 25 m de hauteur et 60 cm de diamètre. Port variable : tronc court, se divisant près du sol en milieu ouvert ; tronc plus droit et dégarni en milieu fermé. Ramure ovale plutôt régulière.

Écorce : Lisse et grise chez le petit arbre ; devenant brun rougeâtre ou grisâtre, se séparant en de longues lamelles étroites, parfois fortement retroussées aux deux extrémités chez les grands arbres matures.

Feuille : Simple (5 à 15 cm), lobée (3-5 lobes), opposée, dentée grossièrement, à sinus peu profonds, larges, anguleux et dentés presque jusqu'au fond. Dessus vert tendre ; dessous presque blanchâtre. Coloration automnale rouge.

Fleur : Fleurs mâle et femelle petites, rouges, en corymbe ; portées sur de longs et fins pédicelles. La floraison, très printanière, précède la feuillaison de plusieurs semaines.

Fruit : Samare double (disamare), dont les petites ailes (1,2-2,5 cm de longueur) forment un angle court, d'environ 60°. Parvient à maturité tôt (au début de l'été), puis tombe rapidement.

Habitat : Sols très variés quant à la composition et au drainage, mais préférence marquée pour les sites humides.

À noter : Tolère l'ombre. La floraison printanière de l'érable rouge suit immédiatement celle de l'érable argenté. Appelé encore plaine ou plaine rouge au Québec. Abondant dans les forêts mixtes du Québec et des Maritimes. Il existe une confusion chez certaines personnes entre l'érable rouge et des cultivars à feuillage rouge pourpre de l'érable de Norvège (*Acer platanoides* L.), une espèce introduite.

Érable rouge

1. Feuille lobée, à sinus peu profonds, larges et dentés
2. Fleurs mâles rouges, à pétales, visibles environ une semaine après celles de l'érable argenté
3. Disamare à petites ailes (formant un angle court), non persistante
4. Écorce de petit arbre
5. Écorce d'arbre adulte

Érable à sucre

Acer saccharum **Marsh.**
Sugar maple
(Acéracées)

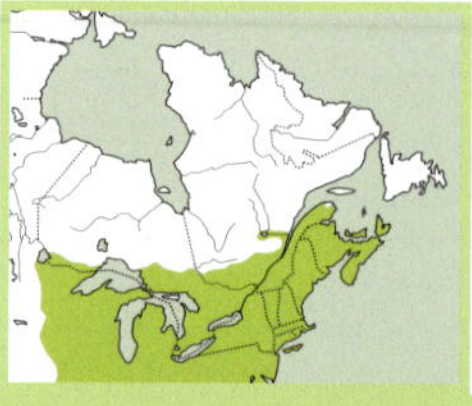

Taille et port : Grand feuillu pouvant atteindre 35 m de hauteur et 90 cm de diamètre. Tronc droit, assez dégarni (sur la moitié de la hauteur ou davantage). Cime arrondie, plutôt étroite.

Écorce : Lisse, gris terne chez le petit arbre ; se crevassant et s'écaillant avec l'âge, en lamelles inégales et fermes.

Feuille : Simple (8 à 20 cm), lobée (5 lobes, rarement 3), opposée, rebord du limbe parcouru de grosses dents inégales et peu nombreuses ; sinus peu profonds, arrondis et sans dents. Dessus vert foncé ; dessous plus pâle. Coloration automnale jaune, orange et rouge.

Fleur : Fleurs mâle et femelle petites, jaunâtres ou verdâtres, apétales, en corymbe sur un long pédoncule (3-7 cm). Floraison précédant la feuillaison.

Fruit : Samare double (disamare), ailes (3-3,5 cm de longueur) séparées par un sinus profond entre deux grosses graines, bien rondes, à l'enveloppe épaisse, matures au milieu de l'été.

Habitat : Sols riches et moyennement bien drainés : versants fertiles des montagnes et des collines, coteaux sablonneux ou rocheux.

À noter : Très tolérant à l'ombre. Essence de grande longévité (200 ans et plus) formant avec quelques autres espèces, comme le hêtre et la pruche, les forêts naturelles de fin de succession du sud du Québec. L'érable à sucre est à la base de l'industrie acéricole du Québec.

1

2

3

4

5

Érable à sucre

1. Feuille lobée à sinus peu profonds, arrondis et sans dents
2. Fleurs jaune verdâtre, apétales, pendantes au bout de pédoncules de 3 à 7 cm de longueur
3. Disamare à péricarpe rond et épais
4. Écorce de petit arbre
5. Écorce d'arbre adulte

Érable noir

Acer nigrum **Michx. f.**

Black maple

(Acéracées)

Taille et port: Grand feuillu pouvant atteindre 35 m de hauteur et 90 cm de diamètre. Tronc droit, assez dégarni (sur la moitié de la hauteur ou davantage) en milieu fermé. Les grosses branches basses horizontales qui saillissent du tronc se relèvent en une large courbe ascendante. Cime arrondie.

Écorce: Gris terne (parfois presque noire) avec des sillons plus pâles (parfois rougeâtres) chez le petit arbre; se crevassant et s'écaillant davantage avec l'âge, en lamelles verticales inégales et aplaties.

Feuille: Simple (8 à 18 cm), lobée (3 lobes, rarement 5), opposée, rebord du limbe ondulant parcouru de rares dents inégales et de sinus très ouverts, arrondis, peu profonds. Apparence flétrie. Dessus vert très foncé; dessous vert jaunâtre et pubescent. Coloration automnale jaune brunâtre à orange brûlé.

Fleur: Fleurs mâle et femelle petites, jaunes verdâtres, apétales, sur un petit pédoncule (1,8-5 cm). Floraison précédant l'ouverture des feuilles.

Fruit: Samare double (disamare), ailes (3-3,5 cm de longueur) séparées par un sinus profond entre deux grosses graines, bien rondes, à l'enveloppe épaisse, matures au milieu de l'été.

Habitat: Basses terres riches et humides: plaines alluviales, dépressions, marais et marécages, rivages des cours d'eau lents.

À noter: Très tolérant à l'ombre. Arbre peu commun et à répartition restreinte (extrême sud-ouest du Québec seulement), susceptible d'être désigné menacé ou vulnérable au Québec. Se distingue de l'érable à sucre par la forme de sa feuille et par l'habitat. S'hybride avec l'érable à sucre dans l'aire commune aux deux espèces.

Érable noir

1. Feuille d'apparence flétrie, à sinus peu profonds, ouverts et arrondis
2. Fleurs jaune verdâtre, apétales, pendantes au bout de pédoncules de 1,8 à 5 cm de longueur
3. Disamare à péricarpe rond et épais
4. Écorce de petit arbre
5. Écorce de jeune arbre creusée de sillons rougeâtres
6. Écorce d'arbre adulte

Frêne blanc (frêne d'Amérique)

Fraxinus americana L.

White ash

(Oléacées)

Taille et port: Grand feuillu pouvant atteindre 30 m de hauteur et 1,5 m de diamètre. Tronc droit et long, ramure peu dense, régulière et décroissante vers la cime. Cime étroite et pointue.

Écorce: Gris pâle et écailleuse déjà chez le petit arbre; sillons de plus en plus profonds et présence de crêtes rigides et entrecroisées à maturité (formant souvent des losanges réguliers à la base du fût)

Feuille: Composée, opposée, de 5 à 9 folioles (généralement 7), plus ovales que lancéolées, acuminées, munies de quelques dents arrondies, peu apparentes. Folioles non sessiles sur le pétiole central (15-25 cm). Dessus vert foncé; dessous très pâle et glabre (sauf le long des nervures). Coloration automnale pourpre.

Fleur: Fleurs mâle et femelle petites, apétales, en groupe dense disposé le long du rameau, visibles au début du printemps avant l'ouverture des feuilles.

Fruit: Samare allongée (2,5-5 cm), en grappe pendante. L'aile n'entoure que l'extrémité inférieure de la graine. Mûr en fin d'été.

Habitat: Sols riches, moyennement drainés à bien drainés: versants et coteaux, rivages rocailleux et pentus, sommet des petites crêtes.

À noter: Modérément tolérant à l'ombre. Le frêne blanc se distingue surtout du frêne rouge par sa samare mature en fin d'été (celle du frêne rouge est complètement formée dès juin) et dont l'aile n'entoure pas du tout la graine. Il se distingue du frêne noir par sa feuille aux pétioles non sessiles.

FRÊNE BLANC

1. Feuille composée de 5 à 9 folioles, non sessiles sur un pétiole central
2. Fleurs mâles (photo) et fleurs femelles portées sur des individus différents
3. Samare mûre en fin d'été, dont l'aile n'entoure que l'extrémité inférieure de la graine
4. Écorce de petit arbre
5. Écorce d'arbre adulte

Frêne rouge (frêne de Pennsylvanie)

***Fraxinus pennsylvanica* Marsh.**

Red ash

(Oléacées)

Taille et port : Feuillu de taille moyenne pouvant atteindre 25 cm de hauteur et 60 cm de diamètre. Port variable : tronc habituellement droit et mince, parfois tordu et penché. Les branches basses qui partent du tronc sont souvent en forme de S. Ramure étroite ; cime arrondie, souvent effilée.

Écorce : Lisse et brun rougeâtre chez le jeune arbre, affichant rapidement des crêtes rugueuses, larges et aplaties et des sillons peu profonds et étroits (qui s'entrecroisent chez les plus vieux arbres, à la manière du frêne blanc, mais de façon moins nette).

Feuille : Composée, opposée, de 5 à 9 folioles (généralement 7), plus lancéolées qu'ovales, portant quelques dents arrondies, peu apparentes. Folioles non sessiles sur le pétiole central (15-20 cm). Dessus vert jaunâtre luisant ; dessous plus pâle et duveteux. Coloration automnale de jaune à brun jaunâtre.

Fleur : Fleurs mâle et femelle petites, apétales, en groupe dense disposé le long du rameau, visibles au début du printemps avant l'ouverture des feuilles.

Fruit : Samare allongée (3-6 cm), en grappe pendante. L'aile du fruit remonte jusqu'à la moitié de la graine. Maturité précoce (le fruit est formé dès juin) et persistance sur l'arbre jusqu'en automne.

Habitat : Sols humides et mal drainés des basses terres : rivages des cours d'eau lents ; marais et marécages ; plaines alluviales.

À noter : Intolérant à l'ombre. Accompagne souvent l'érable argenté et le peuplier deltoïde. Le frêne rouge se distingue surtout du frêne noir par sa samare et ses folioles non sessiles. Très rare en Nouvelle-Écosse et à l'île du Prince-Édouard.

Frêne rouge

1. Feuille composée de 5 à 9 folioles non sessiles sur un pétiole central
2. Fleurs mâles (photo) et fleurs femelles portées sur des individus différents
3. Samare mûre en début d'été, dont l'aile remonte jusqu'à la moitié de la graine
4. Écorce de petit arbre
5. Écorce d'arbre adulte

Frêne noir

***Fraxinus nigra* Marsh.**
Black ash
(Oléacées)

Taille et port : Petit feuillu pouvant atteindre 20 m de hauteur et 50 cm de diamètre. Tronc droit, élancé, parfois penché. La ramure et la cime sont étroites et clairsemées.

Écorce : Gris pâle à texture de liège chez le petit arbre ; s'écaillant en plaques aplaties à maturité.

Feuille : Composée, opposée, de 7 à 11 folioles, lancéolées, portant des dents fines, pointues et régulières. Folioles sessiles sur le pétiole central (15-30 cm) et présence de poils aux points d'insertion des folioles. Vert foncé mat et glabre sur les deux faces. Coloration automnale brun rougeâtre.

Fleur : Fleurs mâle et femelle petites, apétales, en groupe dense disposé près de l'extrémité du rameau (plus près de l'extrémité comparativement aux deux autres frênes de nos régions), visibles au début du printemps avant l'ouverture des feuilles.

Fruit : Samare ovale (2,5-4 cm), en grappe pendante. L'aile du fruit entoure complètement la graine. Maturité en fin d'été.

Habitat : Sols humides et mal drainés : dépressions, rivages des lacs et rivières, abords des tourbières, des marais et des marécages.

À noter : Modérément tolérant à l'ombre. Fréquentant les milieux humides riverains tout comme le frêne rouge, le frêne noir a une aire de répartition plus septentrionale, s'observant jusqu'en Abitibi, sur la Côte-Nord, à l'île d'Anticosti et en Gaspésie. Peu commun en Nouvelle-Écosse, de rare à très rare à l'île du Prince-Édouard.

1

2

3

4

5

Frêne noir

1. Feuille composée de 7 à 11 folioles sessiles sur un pétiole central
2. Fleurs mâles (photo) et femelles portées sur des individus différents ou sur le même individu
3. Samare mûre en fin d'été, dont l'aile entoure complètement la graine
4. Écorce de petit arbre
5. Écorce d'arbre adulte

Petits arbres, arbustes, arbrisseaux et plantes ligneuses

If du Canada

***Taxus canadensis* Marsh.**
Ground hemlock (eastern yew)
(Taxacées)

Taille et port : Petit conifère arbustif, couché, ne dépassant pas 2 m de hauteur.

Feuille : Courte aiguille aplatie (1-2 cm), vert luisant sur les deux faces, mucronée (se terminant brusquement en une pointe courte et acérée).

Fruit : Fruit différent de ceux des autres conifères : excroissance charnue (arille), d'environ 1 cm de longueur, d'un rouge vif, qui enveloppe partiellement une petite graine bleu très foncé, toxique. Mûr en fin d'été.

Habitat : Sites variés : parterres frais et ombragés des forêts feuillues, mixtes ou de conifères.

Répartition et abondance : Fréquent au Québec (surtout dans les domaines des érablières et dans la forêt mélangée de la sapinière à bouleau jaune ; plus sporadique jusqu'à 52° de latitude dans la pessière noire à mousses) et dans les trois provinces maritimes.

Bouleau glanduleux

***Betula glandulosa* Michx.**
Dwarf birch
(Bétulacées)

Taille et port : Arbuste ne dépassant pas 2 m de hauteur. Écorce brun rougeâtre. De nombreuses petites glandes résineuses s'observent sur les rameaux.

Feuille : Ovale (8-20 mm), dentée (dents arrondies), luisante et glabre sur les deux faces.

Fleur et fruit : En chatons. Les chatons femelles (1 cm de longueur) sont fécondés au début de l'été. Les nucules qu'ils contiennent sont mûres en automne.

Habitat : Lieux ouverts et secs : en altitude dans le sud de son aire, dans la taïga plus au nord.

Répartition et abondance : Abondant au Québec dans la taïga (entre 52 et 56° de latitude), localisé sur les hauts plateaux plus au sud. Très rare et localisé en altitude dans le nord-est du Nouveau-Brunswick et de la Nouvelle-Écosse.

Aulne crispé

***Alnus viridis* (Chaix) DC. subsp. *crispa* (Dryander ex Ait.) Turr. ex Ait.**
Green alder (mountain alder)
(Bétulacées)

Taille et port : Arbuste pouvant atteindre 3 m de hauteur. Écorce brun grisâtre.

Feuille : Ovale et presque ronde (4 à 10 cm), finement dentée, dessus vert luisant, dessous pubescent, duveteux.

Fleur et fruit : En chatons. Chaton mâle pendant de 3-9 cm (photo de droite) ; chaton femelle dressé et ovoïde (1-2 cm). Les chatons femelles, ligneux, persistent sur l'aulne crispé un an ou plus.

Habitat : Sites préférablement secs : flancs des montagnes dans le sud de l'aire, sites variés (coteaux rocheux, plaines sablonneuses, etc.) plus au nord. S'observe sur les côtes dans les Maritimes.

Répartition et abondance : Largement répandu vers le nord ; fréquent dans le Québec septentrional (de la sapinière à bouleau blanc à la toundra arbustive ; plus rare au sud) et les Maritimes.

Aulne rugueux

***Alnus incana* (L.) Moench subsp. *rugosa* (Du Roi) R. T. Clausen**
Speckled alder
(Bétulacées)

Taille et port: Arbuste pouvant atteindre 6 m de hauteur. Écorce brun rougeâtre, traversée de lenticelles plus pâles.

Feuille: Elliptique (4-11 cm), davantage en pointe de flèche que celle de l'aulne crispé, doublement dentée. Dessus vert foncé; dessous blanchâtre et légèrement pubescent le long des nervures.

Fleur et fruit: En chatons. Chaton mâle pendant atteignant 5 à 8 cm de longueur au temps de la pollinisation; chaton femelle ovoïde et dressé, atteignant 1,3-1,6 cm de longueur à maturité (en développement sur la photo de droite).

Habitat: Sites humides: dépressions, rivages des ruisseaux, des rivières, des lacs et des tourbières.

Répartition et abondance: Largement répandu; fréquent dans tout le Québec (jusqu'à la toundra forestière) et les Maritimes.

Noisetier à long bec

***Corylus cornuta* Marsh.**
Beaked hazel
(Bétulacées)

Taille et port : Arbuste pouvant atteindre 3 m de hauteur. Écorce brun rouge pâle. Tiges et rameaux très flexibles.

Feuille : Ovale (5-12 cm), simple, alterne, acuminée, dentée (dents irrégulières et acérées), mince. Dessous glabre ou légèrement pubescent.

Fleur et fruit : Floraison printanière en chatons (photo de droite en haut : chaton mâle pendant et fleur femelle écarlate). Le fruit est une petite noix (1,2 cm) protégée par une enveloppe vert-jaune (photo de droite en bas), très pubescente (poils raides), légèrement charnue, qui se termine par un long bec étroit, deux à trois fois plus long que la noix.

Habitat : Sites variés, secs ou humides : bordure des bois, des cours d'eau, fourrés, bois clairs.

Répartition et abondance : Fréquent au Québec (dans les domaines des érablières et de la sapinière à bouleau jaune) et dans les Maritimes.

Charme de Caroline

Carpinus caroliniana **Walt. var.** ***virginiana*** **(Marsh.) Fern.**
Blue-beech
(Bétulacées)

Taille et port : Petit arbre pouvant atteindre 8 m de hauteur. Tronc court, souvent tordu, à crêtes arrondies et longitudinales, écorce lisse, gris ardoise.

Feuille : Elliptique (5-10 cm), oblongue, simple, alterne, doublement dentée, acuminée, arrondie à la base. Dessus vert tendre ; dessous plus pâle.

Fleur et fruit : Fleur mâle en chaton pendant, fleur femelle sur une grappe allongée au bout des nouvelles pousses. Le fruit est une nucule ovoïde attachée à l'aisselle de bractées feuillées pendantes et à trois lobes (photo de droite).

Habitat : Sites riches et modérément humides : bas des coteaux, plaines alluviales, rives des cours d'eau.

Répartition et abondance : Sud-ouest du Québec seulement (domaines des érablières à caryer cordiforme et à tilleul – le long du Saint-Laurent jusqu'à l'embouchure de la rivière Sainte-Anne, en aval de Trois-Rivières). Absent des Maritimes.

Myrique baumier

Myrica gale L.
Sweet gale
(Myricacées)

Taille et port: Arbrisseau pouvant atteindre 1,5 m de hauteur.

Feuille: En forme de spatule (1,5-6,5 cm), plus large et dentée au sommet, simple, alterne. Dessus vert foncé; dessous vert pâle. Feuillage agréablement odorant.

Fleur et fruit: Fleurs en chatons mâle (photo de droite) et femelle (1-1,5 cm de longueur). Le petit fruit (une drupe résineuse de 2,5 à 3 mm) est ovoïde, réuni en épi, disposé de manière alterne sur la tige.

Habitat: Sites humides: abords des tourbières, des lacs et des cours d'eau.

Répartition et abondance: Largement répandu et commun au Québec (jusqu'à la toundra arctique) et dans les Maritimes.

Comptonie voyageuse

Comptonia peregrina **(L.) Coult.**
Sweet-fern
(Myricacées)

Taille et port : Arbrisseau très ramifié pouvant atteindre 1 m de hauteur.

Feuille : Longue (4-15 cm), étroite, simple, alterne, affichant de nombreux lobes. Dessus vert foncé terne ; dessous vert-gris pâle. Feuillage agréablement odorant.

Fleur et fruit : Fleur mâle en chaton (5 cm) à l'extrémité des pousses (photo en médaillon) ; chaton femelle ovoïde (2 cm), épineux à maturité, contenant de petites nucules (2,5-5,5 mm).

Habitat : Sites secs et assez ouverts : lisières des bois et des plaines sablonneuses, sous-bois des pinèdes grises établies après un feu.

Répartition et abondance : Au Québec : nord du fleuve Saint-Laurent, de l'érablière à bouleau jaune à la pessière noire à mousses (fréquente en Abitibi et au Lac-Saint-Jean). Présente dans les trois provinces maritimes (excluant toutefois la moitié nord-ouest du Nouveau-Brunswick).

Saules (plusieurs espèces)

***Salix* spp.**

Willows

(Salicacées)

Taille et port : Espèces arbustives et arborescentes de tailles variées.

Feuille : Alterne, simple, la plupart du temps étroite, sans dent ou finement dentée, avec ou sans stipule. Dessus vert, dessous plus pâle, glabre ou pubescent. (Photo de gauche : saule discolore, *Salix discolor* ; à droite en haut : saule à long pétiole, *S. petiolaris.*

Fleur et fruit : Fleurs mâle et femelle en chaton, pendant ou dressé (à droite en bas : chaton mâle du saule discolore, *S. discolor*). Le chaton femelle à maturité porte des fruits en forme de capsules ovoïdes qui s'ouvrent en deux pour libérer les graines garnies de longs poils blancs.

Habitat : Milieux variés, mais très souvent humides : rives des cours d'eau, des lacs, des marais et des marécages ; friches, sites perturbés par la coupe ou le feu, etc.

Répartition et abondance : Une quarantaine d'espèces, difficiles à identifier dans la plupart des cas et qui s'observent partout au Québec (jusqu'à la taïga et au-delà) et dans les Maritimes.

Clématite de Virginie

Clematis virginiana L.
Virginia virgin-bower
(Renonculacées)

Taille et port : Espèce grimpante pouvant atteindre de 2 à 7 m de hauteur.

Feuille : Composée de trois folioles ovales (3,5-9 cm) et dentées. Dessus vert mat et glabre ; dessous légèrement ou très pubescent.

Fleur et fruit : Fleur blanc crème en grappe pyramidale (floraison estivale). Le fruit, remarquable, est mûr en fin d'été et arbore de longues aigrettes plumeuses (2,5-5 cm de longueur).

Habitat : Sols variés, mais plus souvent humides : bordure des bois, des cours d'eau, fourrés, bois clairs.

Répartition et abondance : Fréquente au Québec (jusque dans la sapinière à bouleau jaune), au Nouveau-Brunswick et en Nouvelle-Écosse ; de rare à peu commune dans l'île du Prince-Édouard.

Gadellier malodorant (gadellier glanduleux)

Ribes glandulosum **Grauer**

Skunk currant

(Grossulariacées)

Taille et port : Arbrisseau (60 cm à 1 m) parfois prostré, non épineux (plusieurs gadelliers et groseillers du genre *Ribes* au Québec et dans les Maritimes – dont certains échappés de culture – portent des épines sur les tiges).

Feuille : Lobée (5-7 lobes), presque aussi large que longue (3-8 cm), dentée. Feuillage malodorant.

Fleur et fruit : Fleur rose, printanière, en forme de campanule (non tubulaire). Le fruit est une baie rouge à piquants glanduleux.

Habitat : Sites variés, fréquemment humides : sous-bois frais, abords des tourbières, rivages rocheux des cours d'eau et des lacs.

Répartition et abondance : Fréquent au Québec (abondant dans le Nord ; s'observe jusque dans la toundra arctique arbustive) et dans les Maritimes.

Gadellier américain

Ribes americanum **Mill.**
American black currant
(Grossulariacées)

Taille et port : Arbrisseau (1-1,5 m) parfois prostré, non épineux.

Feuille : Lobée (3-5 lobes), presque aussi large que longue (3-8 cm), dentée.

Fleur et fruit : Fleur printanière jaune verdâtre, tubulaire. Le fruit est une baie noire, dépourvue de piquants.

Habitat : Sites variés, souvent humides : sous-bois, taillis, broussailles près des rives des cours d'eau.

Répartition et abondance : Répartition plus méridionale que *R. glandulosum* au Québec, où il est fréquemment rencontré. Commun au Nouveau-Brunswick, mais très rare en Nouvelle-Écosse et absent de l'île du Prince-Édouard.

Aubépines (plusieurs espèces)

***Crataegus* spp.**

Hawthorns

(Rosacées)

Taille et port: Petits arbres et arbustes de tailles variées (entre 2 et 10 m de hauteur), difficiles à identifier à l'espèce, mais dont les rameaux épineux permettent d'identifier le genre (le seul autre petit arbre épineux de nos régions est le prunier noir; voir page 196 pour les critères distinctifs). Écorce grisâtre, marquée d'écailles régulières à maturité.

Feuille: Ovée à base cunéaire ou tronquée (4-10 cm), simple, alterne, à dents aiguës, parfois lobée.

Fleur et fruit: Fleur blanche, en corymbe. Le fruit est une drupe à chair mince, semblable à une petite pomme, contenant de 1 à 5 graines, souvent écarlate, parfois orangée, jaune ou plus sombre.

Habitat: Sites variés, souvent secs ou mésiques: friches, abords des bois, rives rocheuses.

Répartition et abondance: Plus de 20 espèces réparties au Québec (en forêt feuillue et mixte surtout; le genre s'observe toutefois dans la sapinière à bouleau blanc) et dans les Maritimes.

Amélanchiers (plusieurs espèces)

***Amelanchier* spp.**
Serviceberries
(Rosacées)

Taille et port : Petits arbres ou arbustes de tailles variées (2-12 m).

Feuille : Ovale (2-9 cm), alterne, simple, à petites dents aiguës, nervures parallèles et rectilignes (photo de gauche : amélanchier arborescent, *Amelanchier arborea*).

Fleur et fruit : Fleur blanche, voyante, en grappe très allongée, visible tôt au printemps avant ou pendant l'ouverture des feuilles (à droite en haut : amélanchier arborescent, *A. arborea*). Fruit en forme de baie, pourpre ou violet foncé, contenant de 5 à 10 graines (à droite en bas : amélanchier de Bartram, *A. bartramiana*).

Habitat : Sous-bois des forêts claires, lisières des bois, coteaux rocheux, friches.

Répartition et abondance : Deux espèces atteignent la taille d'un petit arbre dans le sud du Québec et les Maritimes : l'amélanchier arborescent (*A. arborea*) et l'amélanchier glabre (*A. laevis*). Une autre, l'amélanchier de Bartram (*A. bartramiana*), s'observe en forêt boréale ou en altitude.

Sorbier décoratif

Sorbus decora (Sarg.) Schneid.
Showy mountain-ash
(Rosacées)

Taille et port : Petit feuillu pouvant atteindre 10 m de hauteur (parfois un peu plus) et 25 cm de diamètre. Tronc droit, dégarni. L'écorce est mince, lisse, gris verdâtre, s'écaillant avec l'âge surtout dans la partie basse du tronc.

Feuille : Composée de 13 à 17 folioles (3 à 8 cm de longueur), ovales (2 à 3 fois plus longues que larges), dentées, s'atténuant vers les extrémités en une pointe courte se rétrécissant brusquement. Dessus vert bleuté ; dessous plus pâle.

Fleur et fruit : Inflorescence dense, printanière, en cyme large et aplatie. Le fruit est une baie rouge orangé, luisante, de 8 à 10 mm de diamètre, groupée, comestible, mûre à la fin de l'été, persistante jusqu'en hiver.

Habitat : Sols bien drainés et frais : versants montagneux, rives rocailleuses des cours d'eau, rivages des lacs.

Répartition et abondance : Largement répandue au Québec (s'observe jusque dans la toundra forestière) et dans les Maritimes (sauf à l'île du Prince-Édouard où il est très rare). Se distingue (difficilement) du sorbier d'Amérique (voir page 195).

Sorbier d'Amérique

Sorbus americana Marsh.

American mountain-ash

(Rosacées)

Taille et port : Arbuste ou très petit arbre pouvant atteindre 8 m de hauteur.

Feuille : Composée de 13-15 folioles (5-8 cm de longueur) lancéolées (3 à 5 fois plus longues que larges), minces. Dessus vert pâle ; dessous plus pâle.

Fleur et fruit : Fleur blanche, en cyme aplatie ; floraison en mai ou au début de juin (environ une semaine avant celle du sorbier décoratif). Le fruit est une baie rouge orangé, luisante, de 4 à 6 mm de diamètre, groupée, mûre à la fin de l'été.

Habitat : Sols secs ou humides : sites frais et rocheux en bordure des lacs et des rivières, coteaux rocailleux.

Répartition et abondance : Largement répandu au Québec (fréquent en forêt résineuse, mais ne s'observe pas dans la toundra comme le sorbier décoratif) et dans les Maritimes.

Prunier noir

Prunus nigra Ait.
Canada plum
(Rosacées)

Taille et port : Petit arbre pouvant atteindre 9 m de hauteur, à rameaux épineux. Écorce du jeune arbre noir violacé, lisse, à lenticelles horizontales plus pâles, s'écaillant avec l'âge.

Feuille : Ovale (6-12 cm), se terminant brusquement en pointe, mince, à dents arrondies. Dessus vert foncé et mat ; dessous plus pâle.

Fleur et fruit : Fleur blanche devenant rose, en ombelle (2 à 4 fleurs), précédant l'ouverture des feuilles (précédant aussi celle des aubépines). Gros fruit (2,5-3 cm) rouge orangé ou jaunâtre, à chair jaune, mûr en fin d'été, se flétrissant toutefois fréquemment.

Habitat : Plaines alluviales, abords des bois, friches, pâturages.

Répartition et abondance : S'observe au Québec jusque dans l'érablière à bouleau jaune. Espèce introduite dans les Maritimes (s'observe très sporadiquement en Nouvelle-Écosse et à l'île du Prince-Édouard).

Cerisier à grappes (cerisier de Virginie)
Prunus virginiana **L.**
Choke cherry
(Rosacées)

Taille et port: Arbuste ou petit arbre pouvant atteindre jusqu'à 9 m de hauteur (mais plus généralement de 3 à 4 m).

Feuille: Ovale (5-10 cm), alterne, simple, à dents aiguës, mince. Dessus vert mat; dessous plus pâle.

Fleur et fruit: Fleur blanche, en grappe cylindrique allongée (8-15 cm). Le fruit est une drupe, rouge foncé à presque noire (très rarement jaune), en grappe pendante, mûr en fin d'été.

Habitat: Sols riches, d'humides à modérément bien drainés: abords des forêts et des cours d'eau, bois clairs, friches, sites perturbés.

Répartition et abondance: S'observe jusque dans la sapinière à bouleau jaune au Québec (et même la pessière noire à mousses dans l'Extrême-Ouest); largement répandue et commune dans toutes les provinces maritimes.

Spirée à larges feuilles

Spiraea alba Du Roi var. *latifolia* (Ait.) Dippel
Northern meadow-sweet
(Rosacées)

Taille et port : Arbuste (1 à 2 m de hauteur), à tige droite et ligneuse.

Feuille : Petite (2-8 cm), oblongue, simple, alterne, dentée. Face intérieure de la feuille glabre (une espèce très semblable, la spirée tomenteuse, *Spiraea tomentosa* L., se distingue par la texture duveteuse ou veloutée de la face intérieure de sa feuille).

Fleur et fruit : Fleur blanche ou rose regroupée avec d'autres sur une inflorescence terminale de 5 à 20 cm de longueur. Le petit fruit est glabre et luisant.

Habitat : Sites variés, secs ou humides : orée des bois, friches, rivages.

Répartition et abondance : Largement répandue et commune au Québec (s'observe jusque dans la pessière noire à mousses) et dans les Maritimes.

Ronce odorante

Rubus odoratus **L.**

Purple flowering raspberry

(Rosacées)

Taille et port: Arbrisseau (1-1,5 m) à tige pubescente.

Feuille: Grande feuille (10-15 cm), lobée (5 lobes), simple, alterne, dentée, rappelant la feuille d'érable.

Fleur et fruit: Grande fleur (3-5 cm) rose plus ou moins foncé, visible à la fin du printemps et au début de l'été. Le fruit, comestible, est composé de plusieurs petites drupes rouges, dont l'aspect évoque une framboise aplatie.

Habitat: Sites variés, généralement secs: lisières des bois, rivages rocheux, bords des routes, sous-bois des forêts mésiques ou bien drainées.

Répartition et abondance: Sud-ouest du Québec (domaines des érablières à caryer cordiforme et à tilleul; s'observe sporadiquement dans l'érablière à bouleau jaune). Introduite au Nouveau-Brunswick et en Nouvelle-Écosse. Absente de l'île du Prince-Édouard.

Ronce du mont Ida (framboisier sauvage)

Rubus idaeus **L. var.** ***strigosus*** **(Michx.) Focke**

American red raspberry

(Rosacées)

Taille et port: Arbrisseau (1-1,5 m) à tige dressée, hérissée d'épines.

Feuille: Composée d'un nombre de folioles variable (trois folioles pour les feuilles des tiges supportant fleurs et fruits; cinq folioles pour les nouvelles pousses). Foliole dentée et lancéolée, à dessous grisâtre ou blanchâtre.

Fleur et fruit: Fleur blanche (pétales) et verte (sépales); pétales plus petits que les sépales. Le fruit (la framboise) est composé de petites drupes rouges.

Habitat: Sites ouverts et perturbés: friches, brûlis, lisières des bois, sites de coupes forestières.

Répartition et abondance: Largement répandue et commune au Québec (jusqu'à la toundra) et dans les Maritimes.

Ronce alléghanienne (mûrier sauvage)

Rubus allegheniensis Porter

Allegheny blackberry

(Rosacées)

Taille et port : Arbrisseau (1-2 m) à tige dressée ou arquée, pubescente et armée de forts aiguillons.

Feuille : Composée (de trois à sept folioles, habituellement cinq). Les folioles sont ovales ou lancéolées, dentées et pubescentes sur les deux faces au début de la saison (plus veloutées sur la face inférieure).

Fleur et fruit : Fleur blanche (2-2,5 cm) groupée sur une longue grappe portant jusqu'à 14 à 18 fleurs. Fruit oblong ou globuleux, juteux, composé de petites drupes noires.

Habitat : Sites plutôt secs et ouverts, souvent perturbés : orées des bois, friches, clairières, bords des routes, sous-bois des forêts clairs.

Répartition et abondance : S'observe jusque dans la sapinière à bouleau jaune au Québec ; largement répandue dans les Maritimes.

Dirca bois-de-plomb (dirca des marais)

Dirca palustris L.

Leatherwood

(Thyméléacées)

Taille et port: Arbrisseau (1 à 3 m) dont le rameau ligneux légèrement zigzagant affiche des nœuds de croissance renflés, caractéristiques, rappelant une tige télescopique.

Feuille: Ovale (5-9 cm), alterne, simple, mince, au limbe non denté. Dessus vert clair mat; dessous plus pâle. Pubescente au printemps, glabre par la suite.

Fleur et fruit: Petite fleur (1-1,5 cm) très printanière (visible avant l'ouverture des feuilles), jaune or, pendante, presque sessile, en groupe de 2 ou 4 sur les nœuds des rameaux. Le fruit est une drupe rouge orangé, ovoïde (8-12 mm).

Habitat: Sols riches et fertiles des érablières matures.

Répartition et abondance: Au Québec: dans les domaines des érablières à caryer cordiforme et à tilleul. Très rare et localisé en Nouvelle-Écosse (dans le Sud seulement), de rare à très rare au Nouveau-Brunswick (dans le Sud-Ouest seulement), absent de l'île du Prince-Édouard.

Sumac vinaigrier

***Rhus typhina* L.**
Staghorn sumac
(Anacardiacées)

Taille et port: Arbuste ou petit arbre pouvant atteindre 6 m de hauteur. Tronc fourchu, souvent penché.

Feuille: Composée (de 11 à 31 folioles lancéolées et dentées, de 5 à 12 cm de longueur), longue (30 à 50 cm de longueur), sur un pétiole central orangé ou rougeâtre, pubescent.

Fleur et fruit: Fleurs mâle et femelle petites, jaune verdâtre, dressées en groupe conique à l'extrémité des rameaux, visibles après l'ouverture des feuilles. Le fruit est petit, rouge, duveteux, dressé en groupe conique.

Habitat: Sites ouverts et généralement secs: orées des bois, friches, escarpements, plaines sablonneuses.

Répartition et abondance: Méridionale: s'observe au Québec jusque dans le domaine de l'érablière à bouleau jaune. Largement répandu et commun au Nouveau-Brunswick et en Nouvelle-Écosse; peu commun et localisé à l'île du Prince-Édouard.

Sumac grimpant (herbe à la puce)

Toxicodendron radicans **(L.) Kuntze**

Poison ivy

(Anacardiacées)

Taille et port : Forme variable : en petit buisson dressé (30-40 cm de hauteur) ou en tige grimpante.

Feuille : Composée (3 folioles plutôt ovales, irrégulièrement dentées et presque lobées, lustrées), alterne, sur un long pétiole. Plante vénéneuse au toucher dont il faut éviter tout contact avec la peau.

Fleur et fruit : Petite fleur blanc verdâtre groupée avec d'autres à l'aisselle des feuilles. Le fruit est une drupe glabre, dure, verdâtre à blanchâtre.

Habitat : Lisières des bois, bords des routes, clairières, coteaux boisés rocheux ou sablonneux, sous-bois, talus d'éboulis.

Répartition et abondance : Méridionale : s'observe au Québec jusque dans le domaine de la sapinière à bouleau jaune. Abondante dans les basses terres du Saint-Laurent. Localisée et plutôt rare au Nouveau-Brunswick, très rare à l'île du Prince-Édouard, plus largement répandue et commune en Nouvelle-Écosse.

Érable de Pennsylvanie (bois barré)

Acer pensylvanicum L.
Striped maple
(Acéracées)

Taille et port: Petit arbre (jusqu'à 10 m de hauteur) ou grand arbuste. Écorce caractéristique: lisse, verte à vert brunâtre, striée de longues bandes verticales pâles.

Feuille: Grande (10-16 cm) et lobée (3 lobes acuminés, pointés vers l'avant: le lobe central est large et triangulaire), à sinus larges, opposée, simple, finement dentée. Vert mat et glabre des deux côtés. Coloration automnale jaune.

Fleur et fruit: Fleur jaune verdâtre en grappe pendante, visible après l'ouverture des feuilles. Le fruit est une disamare, mûre en fin d'été, réunie en grappe pendante, et dont les ailes larges forment un angle large (90°).

Habitat: Sols riches et frais, humides à moyennement bien drainés: sous-bois sombres, vallées et coteaux boisés.

Répartition et abondance: Commun dans le Québec méridional (principalement dans les trois domaines des érablières, mais s'observe aussi dans la sapinière à bouleau jaune, surtout dans l'Est) et dans les Maritimes.

Érable à épis

Acer spicatum Lam.

Mountain maple

(Acéracées)

Taille et port : Arbuste buissonnant pouvant atteindre 5 m de hauteur. Écorce rougeâtre ou brun grisâtre, marquée de petits pores. Rameaux veloutés.

Feuille : Simple (6-12 cm), lobée (3-5 lobes), à sinus aigus, dentée (dents grosses et irrégulières). Dessus vert jaunâtre, dessous plus pâle et pubescent. Coloration automnale rouge ou jaune brunâtre.

Fleur et fruit : Fleur blanc crème réunie sur un axe terminal dressé, visible après l'ouverture des feuilles. Le fruit est une disamare, mûre en fin d'été, réunie en grappe pendante, et dont les ailes larges forment un angle inférieur à 90°.

Habitat : Sols frais, humides à moyennement bien drainés : sous-bois montueux, ravins boisés, coteaux rocheux, vieux parterres de coupe forestière.

Répartition et abondance : Largement répandu et commun au Québec (s'observe jusqu'à 51° de latitude dans la pessière noire à mousses) et dans les Maritimes.

Némopanthe mucroné

Ilex mucronata **(L.) M. Powell, V. Savolainen et S. Andrews**
Mountain holly
(Aquifoliacées)

Taille et port : Arbrisseau pouvant atteindre 3 m de hauteur. Écorce lisse, grise ou vert grisâtre.

Feuille : Elliptique ou ovale (2-7 cm), alterne, simple, mince, se terminant par une très courte pointe raide. Limbe entier ou portant quelques dents disjointes.

Fleur et fruit : Fleur jaune verdâtre oblongue, sur un long pédoncule inséré à l'aisselle des feuilles, solitaire ou réunie en petit groupe, visible après l'ouverture des feuilles. Le fruit est une drupe rouge (6 mm de diamètre), sur un long pédoncule, mûre en fin d'été.

Habitat : Sols humides : rives des marais et des marécages, lisières des tourbières et des bois mouillés.

Répartition et abondance : Largement répandu et commun au Québec (s'observe jusqu'à 51° de latitude dans la pessière noire à mousses) et dans les Maritimes.

Houx verticillé

***Ilex verticillata* (L.) A. Gray**
Common winterberry (black holly)
(Aquifoliacées)

Taille et port: Arbrisseau ou arbuste pouvant atteindre 8 m de hauteur. Écorce grise et mouchetée de petits pores.

Feuille: Ovale ou lancéolée (4-10 cm), simple, alterne, dentée, acuminée.

Fleur et fruit: Fleur blanc et vert, 5 à 7 pétales, solitaire ou en cyme à l'aisselle des tiges. Le fruit est une drupe rouge (5-8 mm) insérée à l'aisselle des feuilles.

Habitat: Sols humides: rives des cours d'eau, abords des marécages et des tourbières, orées des bois mouillés.

Répartition et abondance: Dans l'ouest et le centre du Québec (s'observe jusque dans la sapinière à bouleau jaune de l'Ouest). Rare en Gaspésie et sur la Côte-Nord. Largement répandu et commun dans les Maritimes (sauf dans le nord du Nouveau-Brunswick où il est rare).

Nerprun cathartique

***Rhamnus catharticus* L.**
European buckthorn
(Rhamnacées)

Taille et port: Arbuste ou petit arbre pouvant atteindre 8 m de hauteur. Écorce brun grisâtre; extrémité des plus petits rameaux parfois épineuse.

Feuille: Ovale (5-9 cm); simple; opposée (parfois alterne); à dents arrondies; présence de 3 à 5 longues nervures secondaires en demi-cercle concentrique de chaque côté de la nervure principale; persistance tardive des feuilles vertes en automne.

Fleur et fruit: Fleur verdâtre réunie avec d'autres à l'aisselle des pousses feuillées, visible peu après l'ouverture des feuilles. Le fruit est une drupe noire (8 mm de diamètre), mûre à la fin de l'été.

Habitat: Sols plutôt secs: orées des bois, bords des chemins, friches et taillis.

Répartition et abondance: Espèce introduite au Québec (domaines des érablières à caryer cordiforme et à tilleul) et dans les Maritimes, en périphérie des zones urbaines.

Vigne des rivages

Vitis riparia Michx.
Riverbank grape
(Vitacées)

Taille et port : Tige grimpante, ligneuse, portant des vrilles.

Feuille : Lobée (3-7 lobes), simple, alterne, mince et luisante.

Fleur et fruit : Petite fleur blanc jaunâtre, en inflorescence terminale dense, visible au début de l'été. Le fruit est une baie bleu foncé, pulpeuse.

Habitat : Sols frais et humides : orées des bois, clairières, rives des cours d'eau, ravins.

Répartition et abondance : Au Québec, s'observe jusque dans l'érablière à bouleau jaune, mais plus fréquente dans le corridor du Saint-Laurent et à l'ouest. Commune au Nouveau-Brunswick ; possiblement introduite en Nouvelle-Écosse et à l'île du Prince-Édouard.

Vigne vierge commune

Parthenocissus inserta (A. Kerner) Fritsch
Virginia creeper
(Vitacées)

Taille et port : Tige rampante ou grimpante, ligneuse, portant des vrilles.

Feuille : Composée et palmée (5 folioles ovales, dentées, acuminées, de 5-15 cm de longueur).

Fleur et fruit : Petite fleur jaune, en cyme, visible lors de l'ouverture des feuilles. Le fruit est une baie, bleu foncé à maturité, portée sur un pédoncule écarlate.

Habitat : Sols riches, secs à humides : orées des bois dans les plaines fertiles, bords des cours d'eau, taillis, sous-bois clairs, talus d'éboulis.

Répartition et abondance : Dans l'ouest du Québec (s'observe jusque dans l'érablière à bouleau jaune). Absente des Maritimes (bien que *Parthenocissus quinquefolia*, une espèce étroitement apparentée, y ait été introduite).

Cornouiller stolonifère (hart rouge)

Cornus stolonifera **Michx.**

Red-osier dogwood

(Cornacées)

Taille et port : Arbrisseau pouvant atteindre 3 m de hauteur, à tiges rouges et lustrées.

Feuille : Ovale (5-10 cm), simple, opposée, non dentée, acuminée, glabre ou très légèrement pubescente, à pétiole court (2 cm).

Fleur et fruit : Fleur blanche, printanière, en cyme dense et aplatie. Le fruit est une drupe blanche ou bleuâtre.

Habitat : Sols plutôt humides : friches, orées des bois et des plans d'eau, bords de routes, fossés, sites perturbés.

Répartition et abondance : Largement répandu et commun au Québec (s'observe jusqu'à 56° de latitude dans la taïga) et dans les Maritimes.

Cornouiller à feuilles alternes

***Cornus alternifolia* L. f.**
Alternate-leaf dogwood
(Cornacées)

Taille et port : Arbuste ou petit arbre pouvant atteindre 10 m de hauteur. Ramure étagée en quelques branches horizontales.

Feuille : Ovale (4-13 cm), alterne (quoique semblant opposée ou même verticillée à l'extrémité des rameaux), non dentée, acuminée, à long pétiole (5-6 cm).

Fleur et fruit : Fleur blanche, printanière, en cyme. Le fruit est une drupe noire ou bleu très foncé, portée sur un pédoncule écarlate.

Habitat : Sols riches, d'humides à modérément bien drainés : sous-bois d'érablières.

Répartition et abondance : S'observe jusque dans l'érablière à bouleau jaune (dans l'ouest et le centre du Québec) et jusque dans la sapinière à bouleau blanc dans les Appalaches et en Gaspésie. Largement répandu et commun dans les trois provinces maritimes.

Lédon du Groenland (thé du Labrador)

Rhododendron groenlandicum **(Oeder) K. A. Kron et W. S. Judd**

Bog Labrador tea

(Éricacées)

Taille et port: Arbuste dressé (30-120 cm) à rameau pubescent.

Feuille: Ovale (2,5-7,5 cm de longueur), simple, alterne, persistante, à rebord enroulé. Dessus vert jaunâtre, dessous brunâtre et pubescent. Feuillage odorant.

Fleur et fruit: Fleur blanche, printanière, en ombelle. Le fruit est une petite capsule suspendue à un long pédoncule.

Habitat: Sols frais et généralement humides: tourbières, forêts claires de conifères, lisières des bois frais, tourbeux ou sablonneux, coupes forestières.

Répartition et abondance: Largement répandu et commun dans le nord du Québec (s'observe jusque dans la toundra arbustive) et dans les Maritimes.

Rhododendron du Canada

Rhododendron canadense (L.) Torr.

Rhodora

(Éricacées)

Taille et port: Arbuste (à tiges très rigides) pouvant atteindre 1 m de hauteur.

Feuille: Ovale ou oblongue (2-6 cm), alterne, simple, au rebord très légèrement enroulé (comparé à celui de la feuille du lédon du Groenland). Dessus vert tendre mat, dessous plus pâle et soyeux.

Fleur et fruit: Grande fleur rose très apparente et printanière (précédant de peu l'ouverture des feuilles). Le fruit est une capsule allongée (9-16 mm) brun rosâtre.

Habitat: Sols de préférence acides et humides (tourbières, bois frais et tourbeux), et parfois sablonneux.

Répartition et abondance: Largement répandu et fréquent près du Saint-Laurent, dans les Appalaches (s'observe au Québec dans les trois domaines des érablières, de même que dans la sapinière à bouleau jaune sur la Côte-Nord et en Gaspésie) et dans les Maritimes.

Kalmia à feuilles étroites

Kalmia angustifolia L.
Sheep laurel
(Éricacées)

Taille et port: Arbuste pouvant atteindre 1 m de hauteur.

Feuille: Oblongue ou lancéolée (2-9 cm), alterne, simple, persistante. Dessus vert, dessous plus pâle.

Fleur et fruit: Fleur estivale, rose, disposée latéralement (à mi-hauteur) sur la tige (l'inflorescence disposée au bout de la tige d'une espèce voisine, *Kalmia polifolia*, permet de les distinguer l'une de l'autre). Le fruit est une petite capsule circulaire (2,5-5 mm de diamètre).

Habitat: Varié dans le nord de son aire; sols humides (abords des tourbières, bois tourbeux) à très secs (coteaux rocheux, plaines sablonneuses, pinèdes grises); restreint aux sites humides plus au sud.

Répartition et abondance: Largement répandu et commun au Québec (s'observe jusqu'à 54° de latitude dans la taïga) et dans les Maritimes.

Bleuet à rameau velouté (airelle fausse-myrtille)

Vaccinium myrtilloides Michx.

Velvetleaf blueberry

(Éricacées)

Taille et port: Arbrisseau dressé (15-70 cm), dont les nouvelles tiges sont d'une pubescence veloutée au toucher.

Feuille: Ovale ou oblongue (2-4 cm), simple, alterne, pointue, pubescente. Dessus vert luisant, dessous un peu plus pâle.

Fleur et fruit: Fleur printanière à corolle blanche ou rosée (5-10 mm) s'ouvrant au même moment que les feuilles. Le fruit est une baie bleu foncé à presque noire (4-10 mm de diamètre).

Habitat: Sols variés, secs ou humides : abords des tourbières, lisières des forêts mixtes ou de conifères, terrains ouverts sablonneux, coteaux rocheux, sites perturbés par la coupe ou le feu.

Répartition et abondance: Largement répandu et commun au Québec (s'observe jusque dans la taïga) et dans les Maritimes.

Bleuet à feuille dentelée (airelle à feuilles étroites)

Vaccinium angustifolium Ait.
Lowbush blueberry
(Éricacées)

Taille et port : Arbrisseau dressé (15-60 cm), à rameaux glabres.

Feuille : Oblongue, elliptique (2-4 cm), simple, alterne, légèrement dentée. Verte et glabre (ou très peu pubescente) sur les deux faces.

Fleur et fruit : Fleur printanière à corolle blanche ou rosée (5-10 mm) s'ouvrant au même moment que les feuilles. Le fruit est une baie bleu foncé ou presque noire (4-11 mm de diamètre), très sucrée.

Habitat : Sols variés, semblables à *V. myrtilloides*, acides : tourbières, lisières des forêts mixtes ou de conifères, lieux ouverts, sites perturbés par la coupe ou le feu.

Répartition et abondance : Largement répandu et commun au Québec (très nordique, s'observe jusque dans la toundra arctique arbustive) et dans les Maritimes.

Épigée fleur de mai (épigée rampante)

Epigaea repens L.
Trailing arbutus (mayflower)
(Éricacées)

Taille et port: Tige rampante, se ramifiant, jusqu'à 30 cm de longueur.

Feuille: Oblongue (0,5-5 cm de longueur), alterne, persistante, non dentée, épaisse, à bout arrondi et cordée à la base.

Fleur et fruit: Fleur très printanière arborant une corolle blanche ou rose à lobes étalées, au bout d'un tube cylindrique (0,6-1,4 mm de longueur), en groupe de 3 à 5 fleurs. Le fruit est une capsule globuleuse pâle (4,5-5 mm de diamètre), jaunâtre orangé.

Habitat: Sols secs à humides en forêt mixte ou de conifères: sous-bois clairs, coteaux sablonneux, abords des tourbières, lieux rocheux.

Répartition et abondance: S'observe au Québec jusque dans le sud de la taïga, au pourtour de la baie des Chaleurs et dans les Maritimes.

Gaulthérie petit-thé (chiogène hispide, petit thé)
Gaultheria hispidula L. Mühl. ex Bigel.
Creeping snowberry
(Éricacées)

Taille et port: Tige rampante, allongée, peu ramifiée, pouvant atteindre 30 cm de longueur.

Feuille: D'ovale à presque ronde, petite (3-10 mm), alterne, simple, non dentée, persistante, luisante.

Fleur et fruit: La fleur, printanière, est blanche et solitaire. Le fruit est une baie blanche (5-6 mm de diamètre), parsemée de petits poils drus et sombres.

Habitat: Sols frais et humides des forêts mixtes ou de conifères. Abords des tourbières dans le sud de son aire.

Répartition et abondance: Largement répandue et commune au Québec (s'observe jusqu'à 56° de latitude dans la toundra forestière) et dans les Maritimes.

Gaulthérie couchée (thé des bois)

***Gaultheria procumbens* L.**
Teaberry (wintergreen, checkerberry)
(Éricacées)

Taille et port: Tige souterraine émettant des rameaux aériens ligneux qui supportent quelques feuilles à leur extrémité; peut atteindre 15 cm de longueur.

Feuille: Ovale ou lancéolée (3-5 cm), simple, alterne, épaisse, vert lustré foncé.

Fleur et fruit: Fleur printanière à corolle blanche ou très légèrement rosée (6-10 mm). Le fruit écarlate et aromatique (7-11 mm) ressemble à une baie (pseudobaie) et persiste souvent sur les rameaux durant l'hiver.

Habitat: Sols plutôt secs et acides: pinèdes, coteaux sablonneux, forêts mixtes et résineuses.

Répartition et abondance: Commune au Québec (s'observe jusque dans la sapinière à bouleau blanc) et dans les Maritimes.

Sureau blanc (sureau du Canada)

***Sambucus canadensis* L.**

Common elderberry

(Adoxacées, auparavant dans les Caprifoliacées)

Taille et port: Arbuste pouvant atteindre 2 m de hauteur, à tige faiblement ligneuse.

Feuille: Opposée et composée (de 5-11 folioles lancéolées, acuminées et dentées, de 5 à 15 cm de longueur chacune).

Fleur et fruit: Fleur blanche en grande inflorescence aplatie (floraison estivale). Le fruit est noir violacé à maturité (automne).

Habitat: Sols riches et humides : bois, lisières des forêts décidues et des cours d'eau, clairières, fossés.

Répartition et abondance: Commun au Québec (jusque dans l'érablière à bouleau jaune) et dans les Maritimes.

Sureau rouge (sureau pubescent)

***Sambucus racemosa* L. subsp. *pubens* (Michx.) House**

Red elderberry

(Adoxacées, auparavant dans les Caprifoliacées)

Taille et port: Arbuste pouvant atteindre 4 m de hauteur, à tige fortement ligneuse.

Feuille: Opposée et composée (de 5-7 folioles lancéolées, acuminées et dentées).

Fleur et fruit: Fleur blanche en inflorescence pyramidale (floraison printanière, au moment de l'ouverture des feuilles). Le fruit est écarlate et vient rapidement à maturité au cours de l'été.

Habitat: Sites variés, mais préfère les sols frais et rocailleux à drainage moyen: forêts mixtes, érablières, orée des bois, coteaux rocheux ombragés.

Répartition et abondance: Largement répandu et commun au Québec (s'observe jusqu'à 50° de latitude dans la pessière noire à mousses) et dans les Maritimes.

Viorne bois-d'orignal (viorne à feuille d'aulne)

***Viburnum lantanoides* Michx.**

Alderleaf viburnum (hobblebush)

(Adoxacées, auparavant dans les Caprifoliacées)

Taille et port: Arbuste atteignant 2 m, parfois plus (jusqu'à 4 m). Rameaux lisses, rougeâtres; longues branches étendues et inclinées.

Feuille: Ronde et très grande (10-20 cm de diamètre), opposée, dentée, se terminant en pointe. Dessus vert foncé aux nervures marquées.

Fleur et fruit: Fleur printanière blanche (parfois légèrement rosée), en cyme composée, d'aspect et de taille différents selon sa position dans l'inflorescence (petites fleurs centrales fertiles; grandes fleurs périphériques stériles). Le fruit est une drupe rouge (8-10 mm).

Habitat: Sols frais et humides: bois tourbeux, ravins, coteaux ombragés des forêts feuillues et mixtes.

Répartition et abondance: Commune au Québec en forêt feuillue (et jusque dans la sapinière à bouleau jaune dans le Bas-Saint-Laurent). Commune dans les Maritimes, sauf à l'île du Prince-Édouard où elle est rare.

Viorne trilobée (pimbina)

Viburnum opulus **L. subsp.** ***trilobum*** **(Marsh.) R.T. Clausen**
Cranberry viburnum
(Adoxacées, auparavant dans les Caprifoliacées)

Taille et port : Arbuste atteignant 2-4 m de hauteur.

Feuille : Lobée (5-11 cm de longueur), opposée, 3 lobes à pointe effilée, dentée grossièrement, attachée à un long pétiole (2-4 cm).

Fleur et fruit : Fleur blanche sur une inflorescence terminale aplatie dont la disposition des fleurs fertiles au centre et stériles en périphérie rappelle celle de la viorne bois-d'orignal. Le fruit est une drupe orangée à rouge vif (8-10 mm).

Habitat : Sols humides : friches, fossés, lisières des cours d'eau, orées des bois, bas des pentes boisées.

Répartition et abondance : Relativement commune au Québec (dans le corridor de l'Outaouais puis le long de la frontière de l'Ontario jusqu'en Abitibi, dans le corridor du Saint-Laurent et au sud de ce dernier jusqu'en Gaspésie, au Lac-Saint-Jean) et dans les Maritimes.

Viorne comestible

***Viburnum edule* (Michx.) Raf.**

Squashberry viburnum

(Adoxacées, auparavant dans les Caprifoliacées)

Taille et port : Arbuste de 1 à 2 m de hauteur.

Feuille : Lobée (4-9 cm de longueur), opposée, à 3 lobes larges et courts, dents aiguës et irrégulières, attachée à un long pétiole (1 à 4 cm). Dessus vert foncé et luisant, marqué de nervures profondes ; dessous plus pâle et légèrement pubescent.

Fleur et fruit : Fleur blanche printanière en petite cyme composée (1 à 2,5 cm de diamètre). Le fruit est une drupe rouge orangé (6-10 mm).

Habitat : Sites frais et souvent ombragés, humides à modérément bien drainés : forêts résineuses, sous-bois des forêts en régénération, coteaux rocheux, abords des cours d'eau et des tourbières.

Répartition et abondance : Rare dans le sud et l'ouest du Québec, mais commune dans le Nord et l'Est (s'observe jusque dans la toundra forestière). Relativement commune au Nouveau-Brunswick, rare en Nouvelle- Écosse et absente de l'île du Prince-Édouard.

Viorne cassinoïde

***Viburnum nudum* L. var. *cassinoides* (L.) Torr. et A. Gray**
Northern wild raisin (possum haw viburnum)
(Adoxacées, auparavant dans les Caprifoliacées)

Taille et port: Arbuste de 1 à 4 m de hauteur.

Feuille: Ovale ou lancéolée (2,5-15 cm), simple, opposée, épaisse et coriace, glabre, dentée.

Fleur et fruit: Fleur blanche printanière en cyme composée (3 à 10 cm de diamètre) et pédonculée. Le fruit est une drupe rose (6-9 mm) devenant bleu foncé à maturité.

Habitat: Sols modérément bien drainés à humides: bois tourbeux, lisières des cours d'eau et des tourbières, forêts clairsemées des bas des pentes ou des basses terres.

Répartition et abondance: Largement répandue et commune au Québec (s'observe jusque dans la sapinière à bouleau blanc) et dans les Maritimes.

Viorne lentago (alisier)

***Viburnum lentago* L.**

Sweet viburnum (nannyberry)

(Adoxacées, auparavant dans les Caprifoliacées)

Taille et port : Arbuste pouvant atteindre 5 m de hauteur.

Feuille : Ovale ou ovoïde (5-10 cm), simple, opposée, à pointe aiguë, à dents fines et aiguës.

Fleur et fruit : Fleur blanche printanière sur une inflorescence arrondie (5-10 cm de diamètre) et presque sessile. Le fruit est une drupe verte apparaissant en été (8-12 mm), puis noir bleuté à maturité.

Habitat : Sols riches, modérément bien drainés à secs : lisières des bois, coteaux, clairières, forêts clairsemées, friches.

Répartition et abondance : Au Québec, surtout dans les domaines des érablières à caryer cordiforme et à tilleul ; dans l'extrême sud-ouest du Nouveau-Brunswick. Absente de l'île du Prince-Édouard et de la Nouvelle-Écosse.

Dièreville chèvrefeuille

Diervilla lonicera Mill.
Northern bush honeysuckle
(Caprifoliacées)

Taille et port: Arbuste dressé (60-120 cm).

Feuille: Ovale à oblongue (5-12 cm de longueur), simple, opposée, dentée, acuminée, sur un court pétiole. Dessus vert foncé, dessous plus pâle.

Fleur et fruit: Fleur jaune verdâtre (1,5-2 cm de longueur), avec un calice allongé et une corolle en entonnoir, en groupe de 1 à 6 à l'aisselle des feuilles supérieures ou sur un pédoncule terminal. Le fruit est une petite capsule brunâtre.

Habitat: Sols secs et bien drainés: coteaux rocheux, rochers exposés, talus, abords graveleux ou rocheux des lacs et des rivières, lisières des pinèdes et des forêts sèches.

Répartition et abondance: Largement répandu et commun au Québec (s'observe jusqu'à 51° de latitude dans la pessière noire à mousses) et dans les Maritimes.

Chèvrefeuille du Canada

Lonicera canadensis **Bartr. ex Marsh.**
American fly honeysuckle
(Caprifoliacées)

Taille et port : Arbuste dressé (100-150 cm).

Feuille : Ovale (3-8 cm), opposée, non dentée (comme celle du dièreville chèvrefeuille) mais garnie de cils, mince, vert clair sur les deux faces.

Fleur et fruit : La fleur jaune verdâtre, parfois rosée, en forme de cloche (12-18 mm), est suspendue, toujours en duo, sur un long pédoncule terminal ou à l'aisselle des feuilles. Le fruit est rouge clair et charnu à maturité (5-6 mm de diamètre).

Habitat : Sols frais, bien drainés à modérément humides : bords des cours d'eau, sous-bois des coteaux, forêts décidues et mélangées.

Répartition et abondance : Largement répandu et commun au Québec (s'observe jusque dans la sapinière à bouleau jaune) et dans les Maritimes.

Plantes herbacées

Ortie du Canada

Laportea canadensis **(L.) Wedd.**
Wood nettle
(Urticacées)

Taille et port : Tige dressée, atteignant 60-120 cm de hauteur, parcourue de poils urticants procurant une sensation de brûlure momentanée.

Feuille : Ovée (8-18 cm de longueur ; 5-13 cm de largeur), simple, alterne, dentée, acuminée et garnie de poils urticants.

Fleur : Floraison estivale ; vert jaunâtre, en touffe, le long de la tige à l'aisselle des feuilles ou au sommet.

Habitat : Sols humides à très humides : sous-bois des plaines alluviales et des basses terres, bois marécageux.

Répartition et abondance : S'observe au Québec dans les trois domaines des érablières ; aussi en forêt mélangée dans la péninsule gaspésienne et au Lac-Saint-Jean ; commune au Nouveau-Brunswick, peu fréquente en Nouvelle-Écosse et très rare dans l'île du Prince-Édouard.

Claytonie feuille-large (claytonie de Caroline)

***Claytonia caroliniana* Michx.**
Carolina spring beauty
(Portulacacées)

Taille et port : Petite tige à deux larges feuilles atteignant 10-20 cm de hauteur.

Feuille : Oblongue ou en forme de spatule allongée (3-5 cm de longueur ; 1-3 cm de largeur), basilaire. (Ses feuilles plus larges permettent de la distinguer de la claytonie feuille-étroite – anc. claytonie de Virginie – , plus rare, restreinte au sud-ouest du Québec et dont les feuilles sont linéaires.)

Fleur : Fleur très printanière, blanche ou rosée, petite (0,8-1,5 cm de diamètre), en grappe terminale lâche.

Habitat : Sols riches des érablières et des forêts mixtes.

Répartition et abondance : Au Québec, surtout fréquente dans les érablières à caryer cordiforme, à tilleul et à bouleau jaune, mais s'observe aussi en forêt mélangée. Fréquente au Nouveau-Brunswick et assez fréquente en Nouvelle-Écosse ; de rare à très rare dans l'île du Prince-Édouard.

Asaret du Canada

Asarum canadense L.
Canada wild ginger
(Aristolochiacées)

Taille et port : Rhizome d'où émergent deux longs pétioles pubescents de 10-18 cm de hauteur.

Feuille : Grande (8-11 cm de longueur ; 4-8 cm de largeur), simple, en forme de coeur, veloutée, en paire.

Fleur : Très printanière, d'un pourpre brunâtre, pubescente, cachée dans la litière de feuilles à l'aisselle de deux pétioles.

Habitat : Sols riches, rocheux et souvent calcaires des érablières.

Répartition et abondance : Fréquent au Québec dans les érablières à caryer cordiforme et à tilleul ; s'observe moins fréquemment dans l'érablière à bouleau jaune. Relativement commun dans l'ouest et le sud du Nouveau-Brunswick ; absent de la Nouvelle-Écosse et de l'île du Prince-Édouard (désigné vulnérable à la cueillette commerciale au Québec).

Populage des marais

Caltha palustris L.
Marsh marigold
(Renonculacées)

Taille et port : Tige dressée de taille moyenne (30-50 cm), croît souvent en touffe compacte.

Feuille : Large, ronde ou ovale (5-19 cm de longueur ; 2-12,5 cm de largeur), cordée ou réniforme.

Fleur : Fleur printanière d'un jaune brillant (2-4,5 cm), apétale, arborant 5 à 9 sépales bien en évidence.

Habitat : Lieux humides ombragés ou semi-ouverts : bords des ruisseaux forestiers, fossés, rivages, marécages, dépressions.

Répartition et abondance : S'observe au Québec en forêt feuillue surtout, mais aussi en forêt mélangée ou résineuse, dans la péninsule gaspésienne notamment et dans l'ouest jusqu'à la baie d'Hudson. Commun au Nouveau-Brunswick et dans l'île du Prince-Édouard ; rare en Nouvelle-Écosse.

Renoncule abortive

***Ranunculus abortivus* L.**

Kidney-leaf buttercup (smooth-leaved crowfoot)

(Renonculacées)

Taille et port: Tige dressée (10-60 cm), solitaire ou en touffe.

Feuille: De deux types: une feuille basilaire, cordée ou réniforme, à dents larges et arrondies; une feuille sur tige de forme et de taille très variables, mais divisée en plusieurs lobes.

Fleur: Petite (6 mm de diamètre) et peu apparente, très printanière, jaune pâle.

Habitat: Sols riches et frais, modérément bien drainés ou légèrement humides: érablières, ravins boisés.

Répartition et abondance: S'observe au Québec jusqu'à la limite nord de la toundra forestière (baie d'Ungava), mais en forêt feuillue surtout, et aussi en forêt mélangée ou résineuse (notamment au Lac-Saint-Jean, dans la péninsule gaspésienne et sur la Côte-Nord). Commune dans les Maritimes.

Ancolie du Canada

Aquilegia canadensis L.
Wild columbine
(Renonculacées)

Taille et port : Tige dressée (30-60 cm), au feuillage clairsemé.

Feuille : Mince, lobée (3 lobes qui se subdivisent à leur tour), rappelant vaguement celle des pigamons.

Fleur : Fleur printanière pendante, bien visible par sa taille (2,5-4,5 cm de longueur totale) et ses couleurs écarlate et jaune, et dont les pétales se prolongent en éperons renflés à leur extrémité.

Habitat : Sols secs : coteaux rocheux ombragés ou semi-ouverts, lisières des chênaies et des pinèdes, collines et lieux montueux ou sablonneux, éboulis, escarpements, rivages graveleux.

Répartition et abondance : S'observe au Québec jusque dans l'érablière à bouleau jaune ; absente dans les Maritimes (une mention historique de 1945 rapporte toutefois la présence de l'espèce au Nouveau-Brunswick).

Anémone à lobes aigus

Anemone acutiloba (DC.) G. Lawson
Sharp-lobed hepatica
(Renonculacées)

Taille et port : Petite tige dressée (10-15 cm), à feuilles basilaires.

Feuille : Grande (5 cm) considérant la petitesse de la plante, lobée (3 lobes triangulaires, rarement davantage, à bout aigu – une espèce voisine, l'anémone d'Amérique, *A. americana*, affiche des lobes arrondis), basilaire, persistante.

Fleur : Fleur très printanière (2,5 cm), de couleur variable (de blanc à violet), arborant de 5 à 10 sépales qu'on peut méprendre pour des pétales.

Habitat : Sols riches et frais, souvent calcaires des érablières mésiques (l'anémone d'Amérique fréquente davantage les forêts feuillues sèches ou les forêts mixtes aux sols plus acides).

Répartition et abondance : S'observe dans le sud-ouest du Québec (dans les érablières à caryer cordiforme et à tilleul) et dans l'extrême sud des Maritimes : rare au Nouveau-Brunswick ; très rare en Nouvelle-Écosse ; absente de l'île du Prince-Édouard.

Coptide savoyane (coptide du Groenland)

***Coptis trifolia* (L.) Salisb.**
Goldthread
(Renonculacées)

Taille et port : Petite tige aérienne (10 cm) émergeant d'un rhizome jaune, croissant en petite touffe.

Feuille : Petite (3 cm), lobée (3 lobes), dentée, vert foncé luisant.

Fleur : Petite fleur solitaire, blanche, printanière, formée de 5 à 7 sépales qu'on peut confondre avec des pétales.

Habitat : Sols frais et humides des forêts mixtes ou de conifères : bois tourbeux, toundra humide.

Répartition et abondance : Largement répandue au Québec (jusque dans la toundra arctique arbustive) et dans les trois provinces maritimes.

Anémone du Canada

Anemone canadensis L.

Canada anemone

(Renonculacées)

Taille et port : Tige dressée (20-40 cm) arborant un collet feuillé, s'observe en colonies pures et denses.

Feuille : Profondément divisée et à lobes aigus. La feuille du collet est sessile ; les autres s'élancent au bout de longs pétioles.

Fleur : Blanche, printanière, à 5 sépales qu'on peut confondre avec des pétales.

Habitat : Sols relativement humides des sites semi-ouverts : lisières des bois, fossés, rivages, clairières en zone alluviale.

Répartition et abondance : S'observe au Québec jusqu'à la baie de James ; dans toute la moitié ouest du Nouveau-Brunswick ; rare en Nouvelle-Écosse et très rare dans l'île du Prince-Édouard.

Actée blanche (actée à gros pédicelles)

Actaea pachypoda **(Ell.)**
White baneberry
(Renonculacées)

Taille et port: Tige dressée (30-60 cm).

Feuille: Composée (à folioles ovales très découpées, dentées et à lobes aigus).

Fleur et fruit: Fleur blanche, printanière, en grappe terminale allongée (1,5 à 2 fois plus longue que large). Celle de l'actée rouge, qui lui ressemble beaucoup, est ovoïde. Le fruit blanc, charnu, est porté sur un pédicelle épais devenant écarlate en fin de saison.

Habitat: Sols riches et bien drainés: coteaux des forêts feuillues, bois rocheux.

Répartition et abondance: S'observe surtout au Québec dans les érablières à caryer cordiforme et à tilleul, mais aussi dans l'érablière à bouleau jaune et même la sapinière à bouleau jaune (au Lac-Saint-Jean et jusqu'à proximité de Rimouski, sur la rive sud du fleuve). Fréquente dans les Maritimes, sauf dans l'île du Prince-Édouard, où elle est rare.

Actée rouge

Actaea rubra (Ait.) Willd.

Red baneberry

(Renonculacées)

Taille et port : Tige dressée (30-60 cm).

Feuille : Composée (à 3 folioles ovales très découpées, dentées et à lobes aigus).

Fleur et fruit : Fleur blanche, printanière, en grappe terminale courte, ovoïde (3-6 cm de longueur). Le fruit rouge, charnu, est porté sur un pédicelle mince qui demeure vert tout au long de la saison.

Habitat : Sols riches et frais : érablières et forêts mixtes, forêts riveraines (frênaies noires), aulnaies et saulaies plus au nord.

Répartition et abondance : Plus fréquente et plus largement répandue que l'actée blanche, l'actée rouge s'observe au Québec jusque dans le domaine de la pessière noire à mousses et dans toutes les provinces maritimes.

Pigamon hâtif (pigamon dioïque)

***Thalictrum dioicum* L.**
Early meadowrue
(Renonculacées)

Taille et port : Tige dressée plutôt petite (30-60 cm), glabre, portant son feuillage bien haut, donnant à la plante une allure d'arbre miniature.

Feuille : Petite, composée (folioles arborant de 3 à 9 lobes arrondis).

Fleur : Fleur jaune verdâtre très printanière, pendante. Plante dioïque (chaque individu est soit mâle, soit femelle) : les fleurs mâles sont pendantes, jaunâtres, verdâtres ou rouge-brun (photo de gauche en bas) ; les fleurs femelles sont plutôt mauves (à droite en bas).

Habitat : Sols riches et modérément bien drainés : crêtes et pentes des forêts décidues, coteaux boisés rocheux.

Répartition et abondance : S'observe au Québec dans les érablières à caryer cordiforme et à tilleul (sporadique dans l'érablière à bouleau jaune de l'Ouest). Absent des Maritimes.

Pigamon pubescent

Thalictrum pubescens Pursh

Tall meadowrue (pubescent meadowrue)

(Renonculacées)

Taille et port : Tige dressée, grande (25 cm à 2 m) comparativement au pigamon hâtif, glabre, très ramifiée.

Feuille : Composée, à folioles d'aspect variable, mais qui arborent souvent trois lobes arrondis.

Fleur : Fleur estivale blanche, apétale, sur une inflorescence en panicule. La disposition des étamines fait penser à un feu d'artifice.

Habitat : Sols humides des sites semi-ouverts : orées des bois, fossés, rives des ruisseaux et des rivières.

Répartition et abondance : Largement répandu et commun au Québec (jusqu'à la limite de la taïga) et dans les Maritimes.

Cohosh bleu (Caulophylle faux-pigamon)

Caulophyllum thalictroides **(L.) Michx.**

Blue cohosh

(Berberidacées)

Taille et port : Tige dressée de taille moyenne (30-100 cm), violacée tôt au printemps, verte par la suite.

Feuille : Composée, foliole semblable à celle des pigamons, mais à lobes plutôt aigus qu'arrondis. Le feuillage est plutôt violacé à l'ouverture des feuilles, puis franc vert jusqu'en automne.

Fleur et fruit : Petite fleur (8-15 mm) très printanière, portant 6 grands sépales pourpre verdâtre (et 6 minuscules pétales de la même couleur) et 6 étamines jaunes. Le fruit est une baie bleu mat (1 cm).

Habitat : Sols riches et modérément bien drainés des forêts décidues.

Répartition et abondance : Commune au Québec dans les érablières à caryer cordiforme et à tilleul (rare dans l'érablière à bouleau jaune). Peu fréquente au Nouveau-Brunswick ; rare en Nouvelle-Écosse ; absente de l'île du Prince-Édouard.

Dicentre capuchon-jaune

***Dicentra cucullaria* (L.) Bernh.**
Dutchman's breeches
(Fumariacées)

Taille et port: Tige basse (12-18 cm) à feuillage dense et fortement divisé, évoquant celui de la carotte.

Feuille: Basilaire, très divisée, mince, vert grisâtre.

Fleur: Fleur printanière blanc et jaune, pendante, munie de longs éperons aigus et écartés.

Habitat: Sols riches et modérément bien drainés des forêts décidues.

Répartition et abondance: Au Québec, dans les érablières à caryer et à tilleul; sporadique dans l'érablière à bouleau jaune et la sapinière à bouleau jaune au sud du Saint-Laurent. Relativement fréquent (mais localisé) dans les Maritimes, sauf dans l'île du Prince-Édouard, où il est très rare.

Dicentre capuchon-rose (dicentre du Canada)

***Dicentra canadensis* (Goldie) Walp.**

Squirrel corn

(Fumariacées)

Taille et port : Tige basse (12-18 cm) très semblable à celle du dicentre capuchon-jaune.

Feuille : Très divisée, à segments légèrement plus étroits que ceux de la feuille du dicentre capuchon-jaune, vert plus violacé que grisâtre.

Fleur : Fleur printanière blanc et rose, pendante, munie de courts éperons arrondis et peu écartés.

Habitat : Sols riches et modérément bien drainés des érablières.

Répartition et abondance : Fréquent au Québec dans les érablières à caryer cordiforme et à tilleul. Absent des Maritimes.

Sanguinaire du Canada

***Sanguinaria canadensis* L.**

Bloodroot

(Papavéracées)

Taille et port : Petite tige dressée (15-25 cm) issue d'un rhizome qui contient un latex rouge sang et arbore une seule et grande feuille.

Feuille : Grande (15-20 cm de largeur), solitaire, épaisse, réniforme, à lobes sinueux, nervurée en relief au revers.

Fleur : Fleur solitaire très printanière, qui flétrit vite (ne dure que 2 à 3 jours), formée de 8 à 16 grands pétales blancs entourant de nombreuses étamines jaunes.

Habitat : Sols riches et modérément bien drainés des forêts décidues.

Répartition et abondance : Au Québec, dans les érablières à caryer et à tilleul ; moins fréquente dans l'érablière à bouleau jaune et la sapinière à bouleau jaune au sud du Saint-Laurent. Fréquente dans l'ouest et le sud du Nouveau-Brunswick ; de commune à peu commune en Nouvelle-Écosse ; absente de l'île du Prince-Édouard (espèce désignée vulnérable à la cueillette commerciale au Québec).

Cardamine carcajou (dentaire à deux feuilles)
Cardamine diphylla Michx.
Two-leaved toothwort
(Brassicacées)

Taille et port: Petite tige (15-30 cm) portant 2 feuilles (plus rarement 3) et au bout de laquelle surgit l'inflorescence.

Feuille: Composée (3 folioles ovées arborant de grosses dents arrondies), pétiolée, opposée, ou presque, sur l'unique tige.

Fleur: Fleur printanière blanche (1,2-1,5 cm de diamètre), en petite grappe au sommet de la tige.

Habitat: Sols riches et relativement humides des forêts décidues.

Répartition et abondance: S'observe au Québec jusque dans l'érablière à bouleau jaune et même dans la sapinière à bouleau jaune au pourtour de la Gaspésie. Relativement commune dans les Maritimes sauf à l'île du Prince-Édouard où elle est très rare (espèce désignée vulnérable à la cueillette commerciale au Québec).

Violettes (plusieurs espèces)

***Viola* L. spp.**

Violet

(Violacées)

Taille et port: De taille variable (7-30 cm), avec ou sans tige (acaule) selon les espèces (quelque 26 espèces au Québec et dans les Maritimes, parfois très difficiles à distinguer). (Photo de gauche: violette commune, *Viola sonoria*; à droite: violette du Canada, *V. canadensis*.)

Feuille: Simple; cordiforme, réniforme, ovée ou lancéolée; cordée à la base, longuement pétiolée, dentée, glabre ou pubescente.

Fleur: Solitaire, de plusieurs couleurs (bleue, blanche, jaune ou pourpre) et de deux types: fleur à pétales, ouverte, généralement printanière; fleur ne s'ouvrant pas (cléistogame), sans pétales, basilaire, généralement estivale.

Habitat: Varié.

Répartition et abondance: Largement répandues au Québec (jusque dans la toundra arctique herbacée) et dans les Maritimes.

Tiarelle feuille-en-cœur (tiarelle cordifoliée)

Tiarella cordifolia L.
Foamflower (coolwort)
(Saxifragacées)

Taille et port : Hampe florale pubescente (15-25 cm) accompagnée de feuilles en rosettes basilaires.

Feuille : Simple (5-10 cm de longueur), à long pétiole, à lobes dentés, cordée, évoquant celle d'un érable.

Fleur : Petite fleur blanche printanière, en grappe le long d'une longue hampe.

Habitat : Sols riches et frais : sous-bois des érablières, mais aussi des forêts mixtes et des cédrières.

Répartition et abondance : Présente au Québec jusque dans l'érablière à bouleau jaune. Relativement fréquente au Nouveau-Brunswick, rare en Nouvelle-Écosse et absente de l'île du Prince-Édouard.

Mitrelle à deux feuilles

Mitella diphylla L.

Two-leaved miterwort

(Saxifragacées)

Taille et port: Hampe florale pubescente (25-35 cm), arborant une paire caractéristique de feuilles sessiles, opposées, presque à mi-hauteur. Présence de quelques feuilles basilaires sur de longs pétioles.

Feuille: Simple, à lobes dentés, évoquant celle d'un érable.

Fleur: Très petite fleur blanche (3-4 mm), printanière, sur une grappe très allongée, dont les pétales finement découpés rappellent le motif d'un flocon de neige.

Habitat: Sols riches des érablières.

Répartition et abondance: Au Québec, dans les érablières à caryer et à tilleul. Absente des Maritimes.

Ronce petit-mûrier (chicoutée)
***Rubus chamaemorus* L.**
Cloudberry
(Rosacées)

Taille et port : Rameau aérien (10-25 cm) d'un rhizome rampant, arborant de 1 à 3 feuilles.

Feuille : Simple, lobée (3-7 lobes arrondis), dentée.

Fleur et fruit : Fleur blanche estivale, solitaire, au bout des tiges. Le fruit est un groupement de petites drupes d'abord rouges, puis orangées, devenant progressivement translucides.

Habitat : Sols humides et frais, acides : forêts de conifères, ravins, dépressions tourbeuses, abords des marécages, landes rocheuses, tourbières.

Répartition et abondance : Davantage septentrionale au Québec : de la forêt mélangée à la toundra arctique herbacée. Relativement fréquente en Nouvelle-Écosse ; peu commune au Nouveau-Brunswick ; rare à l'île du Prince-Édouard.

Ronce pubescente (catherinettes)
Rubus pubescens Raf.
Dwarf red raspberry
(Rosacées)

Taille et port: Tige rampante de 1 à 2 m de longueur.

Feuille: Alterne, composée (3 folioles – rarement 5 – ovées ou oblongues, souvent asymétriques, dentées, minces).

Fleur et fruit: Fleur printanière blanche, dressée, sur un long pédoncule. Le fruit est une drupe rouge globuleuse.

Habitat: Sols humides et frais: bois marécageux, abords des marais, rives boisées.

Répartition et abondance: Largement répandue au Québec (s'observe jusque dans la toundra forestière) et dans les Maritimes, mais plus fréquente en forêt décidue.

Dalibarde rampante

Dalibarda repens L.
Robin runaway (false violet, dew-drop)
(Rosacées)

Taille et port : Petite tige rampante de 10 à 20 cm de longueur.

Feuille : Simple (2-4 cm de largeur), alterne, réniforme, dentée, basilaire, sur un long pétiole.

Fleur : Fleur estivale de deux types : une fleur blanche, solitaire, bien visible, sur un long pédicelle (5-10 cm de longueur) ; une fleur apétale, courtement pédicellée cachée sous les feuilles.

Habitat : Sols frais et humides : bois tourbeux ou marécageux, forêts mixtes ou résineuses humides.

Répartition et abondance : Fréquente au Québec (jusque dans l'érablière à bouleau jaune) et dans les Maritimes (sauf dans l'île du Prince-Édouard, où elle est très rare).

Circée du Canada (circée de Lutèce)

Circaea canadensis (L.) Hill subsp. *canadensis*

Broadleaf enchanter's nightshade

(Onagracées)

Taille et port : Tige dressée (20-100 cm de hauteur).

Feuille : Opposée, oblongue-ovée (5-10 cm de longueur), dentée, pétiolée.

Fleur : Petite fleur blanche estivale sur une grappe allongée.

Habitat : Sols riches et plutôt secs : coteaux boisés, sous-bois ou orées des bois feuillus.

Répartition et abondance : S'observe au Québec dans les domaines des érablières à caryer et à tilleul, et au pourtour de la baie des Chaleurs. Fréquente en Nouvelle-Écosse et au Nouveau-Brunswick; rare à l'île du Prince-Édouard.

Épilobe à feuilles étroites

***Chamerion angustifolium* (L.) Holub** (incluant particulièrement au Québec la sous-espèce *angustifolium*)

Fireweed

(Onagracées)

Taille et port: Tige dressée (50 cm à 2 m de hauteur).

Feuille: Alterne, lancéolée (7-15 cm de longueur), sessile, entière, longuement atténuée vers le sommet.

Fleur: Grande fleur pourpre, rose ou magenta, estivale, sur une grappe terminale allongée.

Habitat: Varié: sites ouverts ou semi-ouverts, habituellement perturbés; brûlis; abords des cours d'eau, des tourbières et des marécages; lisières des forêts feuillues, mixtes ou résineuses; sous-bois des forêts clairsemées; pâturages; champs abandonnés, bords des routes.

Répartition et abondance: Largement répandue et commune au Québec (jusque dans la toundra forestière) et dans les trois provinces maritimes.

Oxalide des bois (oxalide de montagne)

Oxalis montana Raf.
Common wood sorrel
(Oxalidacées)

Taille et port : Petite touffe (3-15 cm de hauteur) de feuilles basilaires longuement pétiolées à partir d'un rhizome.

Feuille : Composée de trois petites folioles entières, en forme de cœur, évoquant un peu la feuille de trèfle.

Fleur : Fleur estivale à pétales blancs (parfois rosés) marqués de rayures rouges.

Habitat : Sols frais et moussus des forêts mixtes et résineuses.

Répartition et abondance : Présente au Québec au moins jusqu'au 50e parallèle (mais plus commune dans l'érablière à bouleau jaune, la sapinière à bouleau jaune et la sapinière à bouleau blanc). Fréquente également dans les Maritimes, sauf dans l'île du Prince-Édouard, où elle est peu commune.

Impatiente du Cap

Impatiens capensis Meerb.
Spotted jewelweed (Cape touch-me-not)
(Balsaminacées)

Taille et port : Tige dressée (50-150 cm), vert grisâtre, translucide, formant des colonies denses.

Feuille : Simple (3-10 cm de longueur), alterne, ovale, dentée. Dessus vert tendre ; dessous plus pâle.

Fleur : Fleur estivale jaune orangé, mouchetée d'orange brûlé, portant un éperon recourbé, au bout d'un pédicelle (2-3 cm de longueur).

Habitat : Sols humides : sous-bois, lisières des bois tourbeux ou marécageux, abords des cours d'eau.

Répartition et abondance : Largement répandue au Québec jusqu'à la limite nord de la pessière noire à mousses (mais plus fréquente en zone feuillue) ; commune dans les trois provinces maritimes.

Cornouiller quatre-temps (quatre-temps)

Cornus canadensis L.

Dwarf dogwood (dwarf cornel, bunch-berry)

(Cornacées)

Taille et port: Petite tige dressée (7-20 cm) issue d'un rhizome et arborant une rosette de feuilles (4 à 6) à son sommet.

Feuille: Simple, entière, ovale, aux nervures fortement marquées, en verticille.

Fleur et fruit: Petite fleur blanc verdâtre, printanière, dans une inflorescence dense et aplatie, entourée de 4 à 6 grandes bractées blanc crème (faciles à confondre avec des pétales). Le fruit, charnu, est rouge vif.

Habitat: Varié; sous-bois des forêts mixtes et résineuses.

Répartition et abondance: Largement répandu et abondant au Québec (jusque dans la toundra arctique arbustive) et dans les Maritimes.

Ginseng à trois folioles (petit ginseng)

Panax trifolius L.
Dwarf ginseng
(Araliacées)

Taille et port: Tige dressée (10-20 cm de hauteur), sur une racine globuleuse.

Feuille: En verticille de 3, palmée et composée de 3 à 5 folioles ovales ou oblancéolées, dentées et sessiles.

Fleur et fruit: Fleur blanche, printanière, solitaire, en ombelle. Le fruit, jaune verdâtre, est triangulaire.

Habitat: Sols riches et modérément drainés: sous-bois des forêts feuillues.

Répartition et abondance: Au Québec, dans les domaines des érablières à caryer et à tilleul; peu commune en Nouvelle-Écosse; rare au Nouveau-Brunswick et dans l'île du Prince Édouard.

Aralie à grappes (grande salsepareille)

Aralia racemosa L.

American spikenard (indian-root)

(Araliacées)

Taille et port : Grande tige dressée (1-2 m de hauteur), de coloration verte à pourpre, à feuillage largement étalé.

Feuille : Composée de 3 à 7 grandes folioles (5-15 cm) ovales, acuminées, dentées.

Fleur : Petite fleur blanche, estivale, sur des ombelles elles-mêmes réunies en grappes. Le fruit est une petite baie rouge foncé.

Habitat : Sols riches, frais ou secs : crêtes et coteaux boisés des forêts feuillues, surtout les érablières ; bords des ruisseaux et rivières.

Répartition et abondance : Présente au Québec jusque dans la sapinière à bouleau jaune. Fréquente au Nouveau-Brunswick et en Nouvelle-Écosse ; rare dans l'île du Prince-Édouard.

Aralie à tige nue (salsepareille)

Aralia nudicaulis L.
Wild salsaparilla
(Araliacées)

Taille et port : Tige dressée et glabre de 30 à 40 cm (pouvant atteindre jusqu'à 50 cm), issue d'un rhizome, ne portant qu'une seule feuille, divisée en 3 parties elles-mêmes subdivisées habituellement en 5 autres segments.

Feuille : Composée d'une quinzaine de folioles ovales (5-13 cm chacune), finement dentées.

Fleur et fruit : Petite fleur blanche printanière, groupée avec d'autres sur l'une ou l'autre des 3 ombelles habituelles qui surgissent sur une autre tige, plus courte que la tige feuillée. Le fruit est une baie pourpre très foncé.

Habitat : Sols frais, humides ou modérément bien drainés, des forêts mixtes ou résineuses.

Répartition et abondance : Abondante au Québec jusqu'à la limite nord de la pessière noire à mousses (moins fréquente toutefois au sud de l'érablière à bouleau jaune) et dans les Maritimes.

Osmorhize de Clayton

Osmorhiza claytonii **(Michx.) Clarke**
Hairy sweet cicely
(Apiacées)

Taille et port : Tige dressée (45-90 cm) et pubescente.

Feuille : Grande, composée, profondément divisée, dentée.

Fleur : Petite fleur blanche (1,5 mm) printanière, groupée avec d'autres sur une ombelle à long pédoncule.

Habitat : Sols riches et modérément bien drainés des forêts feuillues.

Répartition et abondance : Présente au Québec jusque dans l'érablière à bouleau jaune, de même que dans la sapinière à bouleau jaune jusqu'au Lac-Saint-Jean et en Gaspésie. Fréquente au Nouveau-Brunswick et en Nouvelle-Écosse ; rare dans l'île du Prince-Édouard.

Trientale boréale

Trientalis borealis Raf.
Northern starflower
(Primulacées)

Taille et port: Petite tige dressée (5-20 cm) supportant un verticille de 5 à 10 feuilles à son sommet, et de 1 à 4 fleurs terminales (plus souvent 1 ou 2).

Feuille: Lancéolée (jusqu'à 8 cm de longueur), entière, sur un court pétiole, en verticille.

Fleur et fruit: Petite fleur blanche, printanière, terminale, en forme d'étoile. Le fruit est minuscule, globuleux, bleu pâle très mat.

Habitat: Sols frais, humides à modérément bien drainés: parterres des forêts décidues, mixtes ou coniériennes.

Répartition et abondance: Largement répandue et fréquente au Québec (jusque dans la toundra arctique arbustive) et les Maritimes.

Monotrope uniflore

***Monotropa uniflora* L.**

Indian pipe

(Monotropacées)

Taille et port : Tige dressée (10-18 cm), cireuse, charnue et blanche (dépourvue de chlorophylle). Émergeant du sol, en groupe, le monotrope est d'abord incurvé, puis la hampe florale se redresse. Il noircit après la fructification.

Feuille : En écailles serrées le long de la tige.

Fleur et fruit : Fleur terminale cireuse, solitaire et penchée, estivale. Le fruit est une capsule ovoïde dressée.

Habitat : Sols frais : parterres des forêts mixtes et de conifères.

Répartition et abondance : Fréquent au Québec (jusqu'à la limite de la forêt boréale, à 52° de latitude) et dans les Maritimes.

Chimaphile à ombelles

Chimaphila umbellata **(L.) Barton**
Prince's pine (common wintergreen)
(Pyrolacées)

Taille et port : Tige dressée (15-25 cm).

Feuille : Lancéolée (4-7,5 cm de longueur), spatulée, lustrée, épaisse, dentée.

Fleur : Blanche ou rosée (1 cm de diamètre), estivale, terminale ; de 2 à 8 fleurs par individu.

Habitat : Sols variés, mais généralement secs (sols rocheux ou sablonneux) ; forêts mixtes et de conifères.

Répartition et abondance : Fréquente au Québec (jusque dans l'érablière à bouleau jaune de même que dans la sapinière à bouleau jaune jusqu'au Lac-Saint-Jean et en Gaspésie) et dans les trois provinces maritimes.

Pyrole elliptique

Pyrola elliptica **Nutt.**
Shinleaf
(Pyrolacées)

Taille et port: Tige dressée (12-25 cm) à feuilles basilaires et à fleurs en grappe sur une haute hampe.

Feuille: Ovale ou elliptique (3-8 cm de longueur), basilaire, mince, vert mat.

Fleur: Blanche, estivale, odorante, penchée.

Habitat: Sols modérément bien drainés ou secs: forêts mixtes ou de conifères. Accompagne souvent les pins.

Répartition et abondance: Au Québec, jusqu'à la limite de la sapinière à bouleau blanc, à 49° de latitude) et dans les trois provinces maritimes.

Pyrole à feuille d'asaret

Pyrola asarifolia **Michx.**
Pink wintergreen (asarum-leaved wintergreen)
(Pyrolacées)

Taille et port : Tige dressée (10-30 cm) à feuilles basilaires et fleurs en grappe sur une haute hampe.

Feuille : Réniforme ou cordée, épaisse, aussi large que ronde, (3-6 cm de diamètre), basilaire, lustrée.

Fleur : Rose pâle à rose foncé, estivale, penchée.

Habitat : Sols humides et frais : rives des ruisseaux et des rivières, bois tourbeux, dépressions, abords des marécages.

Répartition et abondance : Largement répandue et fréquente au Québec (jusque dans la toundra arctique arbustive, mais plus commune dans l'Est) ; fréquente au Nouveau-Brunswick; peu commune en Nouvelle-Écosse; rare dans l'île du Prince-Édouard.

Pyrole unilatérale

***Orthilia secunda* (L.) House**
One-side wintergreen
(Pyrolacées)

Taille et port : Tige dressée (5-25 cm) à feuilles basilaires et à fleurs en grappe sur une ou plusieurs hampes dont toutes les fleurs puis les fruits sont orientés d'un seul côté.

Feuille : De forme variable, mais généralement ovée (1-5 cm de longueur), basilaire.

Fleur : Blanc verdâtre, estivale, en groupe de 4 à 20 réunies sur le même côté de la hampe.

Habitat : Varié ; s'adapte indifféremment à des sols frais et humides ou secs ; forêts mixtes et résineuses.

Répartition et abondance : S'observe au Québec jusque dans la toundra arctique arbustive ; fréquente dans les trois provinces maritimes.

Hydrophylle de Virginie
***Hydrophyllum virginianum* L.**
Eastern waterleaf
(Hydrophyllacées)

Taille et port: Tige dressée (20-80 cm). Souvent en colonie dense.

Feuille: Grande (10 à 20 cm), profondément découpée en 5-7 segments, dentée.

Fleur: Blanche ou bleu lavande (7-8 mm de longueur), printanière, en forme de clochette, à étamines et style saillants.

Habitat: Sols frais, riches et humides; forêts des basses terres, plaines alluviales.

Répartition et abondance: Fréquente dans le sud-ouest du Québec: érablières à caryer cordiforme et à tilleul. Absente des Maritimes.

Apocyn à feuilles d'Androsème

Apocynum androsaemifolium L. subsp. *androsaemifolium*
Spreading dogbane
(Apocynacées)

Taille et port: Tige dressée (30-120 cm) à feuillage étalé, très ramifiée, rougeâtre.

Feuille: Ovale ou ovée (2,5-8 cm de longueur), opposée, entière.

Fleur: Blanche ou rose, estivale, en forme de clochette (5-9 mm de longueur).

Habitat: Sols secs des sites semi-ouverts ou ouverts: orées des bois, bords des routes et des voies ferrées, clairières, rivages rocailleux, escarpements dénudés.

Répartition et abondance: Fréquente au Québec (jusque dans la sapinière à bouleau blanc) et dans les trois provinces maritimes.

Mitchelle rampante (pain de perdrix)

Mitchella repens L.

Partridgeberry

(Rubiacées)

Taille et port: Tige grêle et rampante, se dressant sur le parterre forestier (à 15-20 cm de hauteur).

Feuille: Ovale, opposée, entière, à nervures blanchâtres, persistante.

Fleur et fruit: Fleur blanche, printanière, en entonnoir soudé à une autre fleur: les fleurs jumelles forment un V caractéristique. Le fruit est une drupe rouge, persistante tout l'hiver.

Habitat: Sols riches, modérément bien drainés à secs, en forêts feuillues, mixtes ou résineuses.

Répartition et abondance: Fréquente au Québec jusque dans l'érablière à bouleau jaune (et au pourtour de la baie des Chaleurs), de même que dans les provinces maritimes, sauf dans l'île du Prince-Édouard, où elle est rare.

Gaillets (plusieurs espèces)

***Galium* L. spp.**

Bedstraw

(Rubiacées)

Taille et port: Tige dressée ou rampante, de longueur variable (10 cm à 2 m), mais toujours quadrangulaire et parcourue de touffes de feuilles opposées (qui semblent être verticillées). S'identifie difficilement à l'espèce lorsque la plante ne porte ni fleur ou ni fruit.

Feuille: Petite, opposée (en apparence verticillée).

Fleur: Petite, de forme et de couleur variables (blanche, jaune, blanc verdâtre), en cyme ou en panicule.

Habitat: Varié.

Répartition et abondance: Plusieurs espèces au Québec et dans les Maritimes. Le gaillet à trois fleurs (*Galium triflorum*) et le gaillet palustre (*Galium palustre*) semblent les plus largement répandus.

Linnée boréale

***Linnaea borealis* L.**

Twinflower

(Caprifoliacées)

Taille et port : Tige rampante à rameaux aériens formant des tapis denses (jusqu'à 10 cm de hauteur) d'où émergent de longues hampes florales portant deux fleurs.

Feuille : Opposée, presque ronde (1-1,5 cm de diamètre), épaisse, faiblement dentée au sommet (ce qui la distingue de la gaulthérie petit-thé et de la mitchelle rampante, qui ont toutes deux des feuilles entières).

Fleur : Petite (1 cm), rose pâle, en forme de trompette, estivale, réunie par deux sur un long pédoncule.

Habitat : Sols frais et humides : parterres des forêts mixtes et résineuses, orées des bois et des tourbières.

Répartition et abondance : Largement répandue et commune au Québec (jusque dans la toundra arctique arbustive) et dans les trois provinces maritimes.

Prenanthes (plusieurs espèces)

***Prenanthes* spp.**
Rattlesnake root
(Astéracées)

Taille et port: Tige dressée et glabre pouvant atteindre de 1 à 3 m de hauteur. Au printemps, les premières feuilles basses, singulières, qui émergent du sol se remarquent bien.

Feuille: De forme très variée (ovale, cordée, lancéolée, etc.), entière ou dentée, profondément ou peu lobée ou alors pas du tout; mais toujours alterne.

Fleur: En capitule cylindrique plus ou moins étroit, estivale, pendante.

Habitat: Sols variés; sous-bois et orées des forêts.

Répartition et abondance: Largement répandues au Québec (jusqu'à 53° de latitude pour la prenanthe à grappe, *Prenanthes racemosa*, au début de la taïga) et dans les Maritimes. La plus fréquente semble être la prenanthe élevée, *Prenanthes altissima*.

Pétasite palmé

Petasites frigidus (L.) Fries var. *palmatus* (Ait.) Cronq.

Arctic sweet coltsfoot

(Astéracées)

Taille et port : Grosse tige dressée et robuste (15-60 cm avec l'inflorescence). Floraison peu fréquemment observée et très printanière ; s'identifie plus souvent par les feuilles basilaires des plants stériles (qui rappellent superficiellement celles des prenanthes).

Feuille : Palmée, large (9-30 cm de diamètre), épaisse, basilaire et à long pétiole pubescent.

Fleur : Petite, blanche, très printanière, en corymbe sur une haute tige robuste.

Habitat : Sols frais et humides des forêts mixtes et surtout résineuses ; dépressions, abords des cours d'eau et des tourbières.

Répartition et abondance : Largement répandu et fréquent dans le nord et l'est du Québec (jusque dans la toundra arctique arbustive), de même qu'au Nouveau-Brunswick et en Nouvelle-Écosse ; de rare à peu commun à l'île du Prince-Édouard.

Eupatoire maculée

Eutrochium maculatum (L.) E. E. Lamont var. *maculatum*

Spotted Joe pye weed

(Astéracées)

Taille et port : Tige dressée, unique (non ramifiée), pouvant atteindre jusqu'à 2 m de hauteur.

Feuille : Lancéolée, verticillée par groupe de 4 ou 5, dentée.

Fleur : Pourprée ou rose, estivale, en corymbe aplati.

Habitat : Sites humides et partiellement ouverts : orées des bois, clairières, abords des tourbières, fossés.

Répartition et abondance : Largement répandue au Québec (jusqu'à la limite nord de la forêt boréale, à 52° de latitude) et dans les Maritimes.

Eupatoire rugueuse

Ageratina altissima (L.) King et H. E. Robins. var. *altissima*
White snakeroot
(Astéracées)

Taille et port : Tige dressée (30-120 cm de hauteur) et ramifiée.

Feuille : Ovée, presque cordée, opposée, dentée, pétiolée.

Fleur : Blanche, estivale, en grande inflorescence lâche.

Habitat : Sites variant de secs à humides, ombragés ou semi-ouverts : érablières, orées des bois, clairières, dépressions, rives des cours d'eau.

Répartition et abondance : Fréquente au Québec (jusque dans l'érablière à bouleau jaune, de même que sur la rive sud du fleuve dans la sapinière à bouleau jaune) et au Nouveau-Brunswick. Très rare en Nouvelle-Écosse et absente de l'île du Prince-Édouard.

Verge d'or à tige zigzagante

Solidago flexicaulis L.

Broad-leaf goldenrod (zigzag-stemmed goldenrod)

(Astéracées)

Taille et port: Tige dressée (30-100 cm), en zigzag d'une section feuillée à une autre.

Feuille: Largement ovale (2,5-10 cm), alterne, à dentelure aiguë. (La feuille ovale et la tige en zigzag la distinguent des autres verges d'or, notamment de *S. caesia*, la verge d'or bleuâtre, que l'on observe aussi dans les forêts du sud-ouest du Québec.)

Fleur: Jaune, à floraison estivale ou automnale, en inflorescence terminale ou à l'aisselle des feuilles.

Habitat: Sols riches et modérément humides: sous-bois des érablières, coteaux boisés, orées des bois.

Répartition et abondance: Abondante au Québec (jusque dans l'érablière à bouleau jaune, de même que sur la rive sud du fleuve dans la sapinière à bouleau jaune et le long du Saguenay jusqu'au Lac-Saint-Jean). Fréquente dans les Maritimes, sauf dans l'île du Prince-Édouard, où est elle peu commune.

Aster à grandes feuilles

Eurybia macrophylla **(L.) Cass.**
Large-leaf wood aster
(Astéracées)

Taille et port: Tige dressée et pubescente-glanduleuse, atteignant 60-100 cm avec l'inflorescence, mais on observe plus fréquemment les basses et larges feuilles basilaires des plants stériles, souvent réunies en colonie dense.

Feuille: Alterne; feuille basilaire grande (10-20 cm de longueur), nettement cordée, épaisse, dentée; feuille de la tige supérieure de formes variées.

Fleur: Estivale, à capitule (composée); des rayons blancs ou violet pâle entourent un groupe de fleurs tubuleuses jaunes puis pourpres.

Habitat: Sols variés, sites ombragés ou semi-ouverts; sous-bois ou lisières des bois.

Répartition et abondance: Fréquent au Québec (jusque dans la sapinière à bouleau blanc), au Nouveau-Brunswick et en Nouvelle-Écosse; rare à l'île du Prince-Édouard.

Aster à feuilles cordées

Symphyotrichum cordifolium **(L.) G. L. Nesom**
Heart-leaf aster
(Astéracées)

Taille et port: Tige dressée (30-100 cm) et glabre.

Feuille: Alterne; feuille basilaire cordée (mais plus petite que l'aster à grandes feuilles: jusqu'à 12,5 cm de longueur), dentée; feuille de la partie supérieure de la tige plutôt ovale.

Fleur: Estivale ou automnale, à capitule (composée); des rayons bleus ou violets entourent un groupe de fleurs tubuleuses jaunes puis pourpres.

Habitat: Sols variés des sites semi-ouverts: sous-bois clairs, friches, lisières des bois, coteaux rocheux.

Répartition et abondance: Fréquent au Québec (jusque dans la sapinière à bouleau jaune) et dans les trois provinces maritimes.

Aster ponceau

Symphyotrichum puniceum **(L.) Löve et Löve**

Swamp aster

(Astéracées)

Taille et port : Tige dressée (1 à 2 m) et pubescente, souvent rougeâtre ou pourpre, bien ramifiée au sommet et soutenant de nombreux capitules.

Feuille : Alterne, lancéolée, sessile ou embrassant la tige, rugueuse.

Fleur : Estivale, à capitule (composée de plusieurs fleurs) ; des fleurs ligulées à rayons bleu violet entourent un groupe central de fleurs tubuleuses jaunes puis pourpres.

Habitat : Sites humides à modérément humides, ouverts ou semi-ouverts : orées des bois humides ou tourbeux, rives des cours d'eau, abords des marais et marécages, sous-bois clairs.

Répartition et abondance : Largement répandu et commun au Québec (jusque dans la toundra arctique arbustive) et dans les trois provinces maritimes.

Aster acuminé

***Oclemena acuminata* (Michx.) Greene**

Whorled wood aster

(Astéracées)

Taille et port : Tige dressée pouvant atteindre 1 m de hauteur, plus fréquemment 30-35 cm en sous-bois.

Feuille : Oblongue, mince, largement dentée, acuminée ; feuilles supérieures très rapprochées (semblent verticillées).

Fleur : Automnale, à capitule (composée) ; des rayons blancs, étroits et moins rigides que chez les autres asters, entourent un groupe de fleurs tubuleuses jaunes puis pourpres. Présence de petites bractées linéaires aiguës.

Habitat : Sols secs à modérément bien drainés, sites ombragés ou semi-ouverts : sous-bois, crêtes et coteaux rocheux boisés, lisières des bois.

Répartition et abondance : Fréquent au Québec (jusque dans la sapinière à bouleau blanc) et dans les trois provinces maritimes.

Sceau-de-Salomon pubescent

Polygonatum pubescens **(Willd.) Pursh**
Hairy Solomon's seal
(Asparagacées)

Taille et port : Tige dressée mais arquée (30-90 cm de longueur), unique (non ramifiée), glabre.

Feuille : Simple (5-10 cm), alterne, ovale ou ovée, entière, sessile, à nervures parallèles.

Fleur et fruit : Fleur verdâtre, printanière, pendante (habituellement en paire) à l'aisselle des feuilles. Le fruit (8-10 mm) est une baie bleu foncé à maturité.

Habitat : Sols riches, secs à modérément bien drainés : parterres des forêts feuillues et mixtes, crêtes et coteaux rocheux boisés.

Répartition et abondance : Fréquent au Québec (jusque dans la sapinière à bouleau jaune) et dans les Maritimes, sauf dans l'île du Prince-Édouard, où il est absent.

Maïanthème du Canada

Maianthemum canadense Desf.
Wild lily-of-the-valley
(Asparagacées)

Taille et port: Tige dressée (6-20 cm), glabre et zigzagante.

Feuille: Ovale ou lancéolée, alterne, sessile, cordée à la base, entière, luisante, à nervures parallèles, généralement 2 (plus rarement 3).

Fleur et fruit: Fleur blanche, printanière, en grappe terminale. Le fruit est une baie rouge, persistante jusqu'en hiver.

Habitat: Sols frais, parfois humides: sous-bois des forêts mixtes ou de conifères, aussi en forêt feuillue.

Répartition et abondance: Fréquente au Québec (de l'érablière à tilleul jusqu'à la taïga) et dans les trois provinces maritimes.

Maïanthème à grappes (Smilacine à grappes)

Maianthemum racemosum (L.) Link

False Solomon's seal

(Asparagacées)

Taille et port: Tige dressée et arquée (30-90 cm de longueur).

Feuille: Grande (7-20 cm de longueur), ovale ou oblongue, entière, sessile, à fortes nervures parallèles et à bord ondulant.

Fleur et fruit: Fleur blanche, printanière, petite, en panicule terminale. Le fruit est une baie (5-6 mm), rouge à maturité, persistante jusqu'en hiver.

Habitat: Sols riches, modérément bien drainés à humides: forêts feuillues et mixtes, orées des bois, abords des cours d'eau.

Répartition et abondance: Fréquente au Québec (jusque dans l'érablière à bouleau jaune, de même que sur la rive sud du fleuve dans la sapinière à bouleau jaune et le long du Saguenay jusqu'au Lac-Saint-Jean) et dans les trois provinces maritimes.

Trille blanc (trille grandiflore)

***Trillium grandiflorum* (Michx.) Salisb.**

Large-flowered trillium

(Mélanthiacées)

Taille et port : Tige dressée (20-45 cm) arborant trois larges feuilles opposées à son sommet.

Feuille : Grande (10-30 cm), ovale, entière, sessile, acuminée, en groupe de trois.

Fleur et fruit : Grande fleur (8 cm de diamètre), blanche à l'ouverture (devenant rose avec l'âge), printanière. Le fruit est blanc à bleu noir.

Habitat : Sols riches : parterres ombragés des érablières.

Répartition et abondance : Fréquent au Québec dans l'érablière à caryer, plus sporadique dans l'érablière à tilleul. Absent des Maritimes (sauf en Nouvelle-Écosse où il a été introduit, mais demeure très rare). Espèce désignée vulnérable à la cueillette commerciale par le gouvernement du Québec.

Trille rouge (trille dressé)

***Trillium erectum* L.**

Purple trillium

(Mélanthiacées)

Taille et port : Tige dressée (20-40 cm) arborant trois larges feuilles opposées à son sommet.

Feuille : Largement ovale (aussi large que longue), entière, sessile, acuminée, en groupe de trois.

Fleur et fruit : Grande fleur (7 cm de diamètre), rouge foncé, printanière. Le fruit est rouge vin mat.

Habitat : Sols frais : parterres ombragés des forêts feuillues et mixtes.

Répartition et abondance : Fréquent au Québec (jusque dans la sapinière à bouleau jaune) et au Nouveau-Brunswick ; peu commun en Nouvelle-Écosse ; extrêmement rare (statut incertain) dans l'île du Prince-Édouard.

Trille ondulé

***Trillium undulatum* Willd.**
Painted trillium
(Mélanthiacées)

Taille et port : Tige dressée (20-50 cm) arborant trois larges feuilles opposées à son sommet.

Feuille : Ovale (5-10 cm), entière, en groupe de trois, longuement acuminée, sur un petit pétiole (3-20 mm).

Fleur et fruit : Fleur blanche, rayée de rose ou de rouge pourpré formant un V à la base, printanière. Le fruit est rouge vif et lustré.

Habitat : Sols frais, parfois très humides : sous-bois feuillus, mixtes ou même résineux ; bois tourbeux.

Répartition et abondance : Fréquent au Québec (surtout dans les domaines des forêts décidues et mixtes, s'observe toutefois dans l'Est jusqu'à 49° de latitude dans la sapinière à bouleau blanc) et dans les trois provinces maritimes.

Vérâtre vert (tabac du diable)

Veratrum viride var. *viride* Ait.
False hellebore
(Mélanthiacées)

Taille et port : Tige dressée (60 cm à 2 m de hauteur incluant l'inflorescence), à larges feuilles ovales.

Feuille : Ovale, entière, fortement nervée, de plus en plus étroite vers le sommet.

Fleur : Fleur jaune verdâtre, printanière, en panicule terminale.

Habitat : Sites plutôt humides, ouverts ou semi-ouverts : orées des bois : bords des marais, rives des cours d'eau, parterres ombragés des forêts feuillues et mixtes.

Distribution et abondance : Relativement fréquent dans les Cantons-de-l'Est, dans l'est du Québec (à partir de la région de Québec) et au Nouveau-Brunswick ; extrêmement rare (statut incertain) en Nouvelle-Écosse ; absent de l'île du Prince-Édouard.

Médéole de Virginie

***Medeola virginiana* L.**

Indian cucumberroot

(Liliacées)

Taille et port: Tige dressée (30-90 cm), simple, arborant 2 étages de feuilles verticillées.

Feuille: Ovale, acuminée, entière, à nervures parallèles, en groupe de 3 à 11 feuilles en deux verticilles.

Fleur et fruit: Fleur jaune verdâtre, printanière, en groupe de 2 à 9 fleurs pendantes sous le verticille supérieur. Le fruit est une petite baie, pourpre foncé.

Habitat: Sols frais et modérément bien drainés: parterres des forêts décidues et mixtes.

Répartition et abondance: Fréquente au Québec (surtout dans les domaines des érablières à tilleul et à bouleau jaune, s'observe toutefois jusqu'à 48° de latitude dans la sapinière à bouleau jaune) et dans les trois provinces maritimes.

Clintonie boréale

Clintonia borealis **(Ait.) Raf.**
Bluebead-lily (yellow clintonia)
(Liliacées)

Taille et port : Plante à hampe florale (15-25 cm de hauteur) et feuilles basilaires.

Feuille : Ovale ou oblongue, basilaire, entière, épaisse, en groupe de 2-5 (généralement 3), lustrée, à nervures parallèles.

Fleur et fruit : Fleur jaune, printanière, en ombelle terminale sur une hampe. Le fruit est une baie ovale, bleu métallique.

Habitat : Sols frais : sous-bois humides des forêts décidues ; forêts mixtes et résineuses.

Répartition et abondance : Fréquente au Québec (jusqu'à la limite nord de la pessière noire à mousses, à 52° de latitude) et dans les trois provinces maritimes.

Érythrone d'Amérique (ail doux)

Erythronium americanum Ker Gawl.
Trout-lily (dog's-tooth violet)
(Liliacées)

Taille et port : Plante à hampe florale (15-20 cm) arborant deux feuilles.

Feuille : Oblongue ou lancéolée, lustrée, mouchetée de taches vert pâle ou rouille.

Fleur : Grande, jaune, très printanière, en forme de cloche, solitaire au bout d'une longue hampe.

Habitat : Sols modérément bien drainés : sous-bois des forêts feuillues et mixtes.

Répartition et abondance : Fréquente au Québec (surtout dans les trois domaines des érablières, mais aussi dans la sapinière à bouleau jaune au sud du fleuve et le long du Saguenay) de même qu'au Nouveau-Brunswick et en Nouvelle-Écosse. Absente de l'île du Prince-Édouard.

Streptope rose

***Streptopus lanceolatus* (Ait.) Reveal**
Rose twistedstalk (pink streptopus)
(Colchicacées)

Taille et port : Tige dressée (20-60 cm), arquée et ramifiée.

Feuille : Ovale ou oblongue (5-10 cm), alterne, sessile et un peu embrassante sur la tige, présence de cils visibles à l'œil nu au pourtour de la feuille, nervures parallèles prononcées.

Fleur et fruit : Fleur rose, printanière, en forme de clochette, pendante à l'aisselle des feuilles. Le fruit est une baie (10-12 mm) rouge clair.

Habitat : Sols frais : parterres ombragés des forêts feuillues et mixtes.

Répartition et abondance : Fréquent au Québec (surtout dans l'érablière à bouleau jaune, mais présent aussi jusqu'en pessière noire à mousses, jusqu'à 51° de latitude sur la Côte-Nord) et dans les trois provinces maritimes.

Uvulaire grande-fleur

Uvularia grandiflora Smith
Large-flowered bellwort
(Colchicacées)

Taille et port: Tige dressée (20-50 cm de hauteur), un peu arquée et ramifiée au sommet. Le feuillage semble flétri au moment de la floraison.

Feuille: Ovale ou oblongue, entière, d'aspect fané (à rebord très retroussé); pubescence printanière sur la face inférieure, traversée par la tige (feuille perfoliée).

Fleur et fruit: Grande fleur (2,5-4,5 cm de longueur), jaune citron, printanière (avant le plein développement des feuilles), pendante. De 1 à 4 fleurs par individu. Le fruit est une capsule triangulaire.

Habitat: Sols riches des forêts feuillues, surtout les érablières à érable à sucre.

Répartition et abondance: S'observe au Québec dans les domaines des érablières à caryer et à tilleul; absente des Maritimes (espèce désignée vulnérable à la cueillette commerciale par le gouvernement du Québec).

Uvulaire petite-fleur

Uvularia sessilifolia L.
Little bellwort (sessile-leaved bellwort)
(Colchicacées)

Taille et port : Tige dressée (10-30 cm de hauteur), un peu arquée et ramifiée au sommet.

Feuille : Ovale ou oblongue, pointue, entière, sessile (n'est pas traversée par la tige comme l'uvulaire grande-fleur).

Fleur : Petite (1,5-3 cm de longueur), jaune crème, printanière, pendante. Généralement solitaire, parfois 2 fleurs par individu.

Habitat : Sols frais, parfois humides, des forêts feuillues ou mixtes.

Répartition et abondance : S'observe au Québec jusque dans l'érablière à bouleau jaune ; fréquente au Nouveau-Brunswick et en Nouvelle-Écosse ; absente de l'île du Prince-Édouard.

Ail des bois (ail trilobé)

***Allium tricoccum* Ait.**
Wild leek
(Alliacées)

Taille et port: Petite plante à 1, 2 ou 3 feuilles basilaires disparaissant très vite (avant la floraison); hampe florale de 15-40 cm.

Feuille: Oblongue ou elliptique (10-30 cm), charnue, sans tache, éphémère, à émergence très printanière.

Fleur et fruit: Fleur d'un blanc verdâtre, estivale, en ombelle terminale hémisphérique (photo de gauche en bas). Le fruit est une capsule verdâtre, puis noire et lustrée, à trois lobes (à droite en bas: fruits en développement).

Habitat: Sols riches, modérément bien drainés à légèrement humides, des forêts feuillues.

Répartition et abondance: S'observe au Québec dans les érablières à caryer et à tilleul. Rare au Nouveau-Brunswick; très rare en Nouvelle-Écosse; absent de l'île du Prince-Édouard (espèce désignée vulnérable à la cueillette par le gouvernement du Québec).

Iris versicolore

Iris versicolor L.
Blue flag
(Iridacées)

Taille et port: Tige dressée (60-90 cm) à feuilles longues et imbriquées.

Feuille: Longue, étroite et pointue (en forme de glaive) imbriquée avec d'autres à la base de la tige.

Fleur: Grande, bleu violet, rayée de jaune; floraison en fin de printemps.

Habitat: Sols humides, sites ouverts ou semi-ouverts: rives des cours d'eau et des lacs, dépressions, abords des marais, marécages et tourbières.

Répartition et abondance: Fréquent au Québec (présent jusqu'au début de la taïga, à 53° de latitude) et dans les trois provinces maritimes. Emblème floral du Québec.

Carex plantain

Carex plantaginea **Lam.**

Plantainleaf sedge (plantain-leaved sedge)

(Cypéracées)

Taille et port : Plante basse (30 cm de hauteur) qui se démarque surtout sur le parterre forestier par ses longues et denses feuilles basilaires ondulantes. (Le genre *Carex* comprend plus de 200 espèces au Québec et dans les Maritimes ; mais *C. plantaginea* est l'une des plus faciles à identifier et se rencontre dans les forêts matures.)

Feuille : Longue (15-60 cm), pointue, ondulante, vert foncé (rouge brunâtre à la base).

Fleur : Très printanière, minuscule (passe souvent inaperçue), sur une tige triangulaire : fleur mâle au bout d'un épi terminal unique ; fleur femelle sur des épis latéraux (2 à 4).

Habitat : Sols riches des forêts feuillues.

Répartition et abondance : S'observe au Québec dans les domaines des érablières à caryer et à tilleul. Rare au Nouveau-Brunswick (localisé dans le Sud-Ouest), très rare en Nouvelle-Écosse ; absent de l'île du Prince-Édouard.

Cypripède rose (cypripède acaule, sabot-de-la-vierge)
Cypripedium acaule Ait.
Pink lady's slipper (stemless lady's-slipper)
(Orchidacées)

Taille et port : Plante acaule, à longue hampe florale (jusqu'à 45 cm de hauteur), arborant deux feuilles basilaires.

Feuille : Grande (jusqu'à 20 cm) et large, basilaire, sessile, toujours en paire, à nervures parallèles.

Fleur : Grande (4-7 cm), bien visible, rose (rarement blanche), à labelle gonflé, printanière.

Habitat : Sols variés : parterres secs ou humides, ombragés ou semi-ouverts, des forêts feuillues, mixtes ou résineuses.

Répartition et abondance : Fréquent au Québec (jusqu'à 52° de latitude dans la pessière noire à mousses) et dans les trois provinces maritimes.

Cypripède jaune (cypripède soulier)

Cypripedium parviflorum Salisb. var. *pubescens* (Willd.) O. W. Knight
Yellow lady's slipper
(Orchidacées)

Taille et port: Tige dressée (jusqu'à 70 cm de hauteur) et feuillée, pubescente-glanduleuse.

Feuille: Grande (jusqu'à 20 cm), lancéolée, sessile sur la tige, à nervures parallèles, de 3 à 5 feuilles par plant.

Fleur: Jaune éclatant, bien visible; floraison printanière (en milieu de printemps) ou au début de l'été.

Habitat: Sols riches, mésiques, souvent calcaires, sites ombragés ou semi-ouverts: forêts feuillues, mixtes ou résineuses, érablières, cédrières, orées des bois.

Répartition et abondance: S'observe au Québec (moins fréquemment que le cypripède acaule) jusqu'à 51° de latitude dans la pessière noire à mousses. D'assez fréquent à peu commun au Nouveau-Brunswick; rare en Nouvelle-Écosse et à l'île du Prince-Édouard.

Goodyéries (plusieurs espèces)

***Goodyera* spp.**

Rattlesnake plantain

(Orchidacées)

Taille et port: Plantes à hampe florale (de 10 à 40 cm de hauteur selon l'une ou l'autre des 4 espèces observables – et difficiles à départager – au Québec et dans les Maritimes), arborant une touffe de feuilles basilaires.

Feuille: Basilaire, vert sombre, marquée de blanc, à motif rappelant une peau de serpent.

Fleur: Blanchâtre, sur un épi duveteux, à floraison estivale.

Habitat: Sols frais des forêts mixtes et de conifères.

Répartition et abondance: Les deux goodyéries les plus fréquentes dans les forêts du Québec (jusqu'en pessière noire à mousses) et des Maritimes sont la goodyérie panachée, *G. tesselata* (photos), et la goodyérie rampante, *G. repens*. La goodyérie pubescente, *G. pubescens*, la moins fréquente, est sur la liste des espèces susceptibles d'être désignées menacées ou vulnérables au Québec.

Arisème petit-prêcheur (petit prêcheur)

Arisaema triphyllum (L.) Schott

Swamp Jack-in-the-pulpit

(Aracées)

Taille et port : Plante dressée (de 20 cm à 1 m de hauteur) issue d'un rhizome, portant une ou deux feuilles trilobées.

Feuille : Composée, lobée (3 lobes ovales de 7-15 cm de longueur).

Fleur et fruit : Fleur pourpre brunâtre, printanière, groupée avec d'autres sur une petite colonne (appelée spadice) dissimulée dans un tube (appelée spathe) rayé de pourpre et de beige et se terminant comme une large feuille repliée sur la fleur. Le fruit est une baie écarlate, lustrée, groupée, sur un épi ovoïde.

Habitat : Sols frais et humides des érablières, des forêts feuillues et mixtes : bas de pente, dépressions, abords des petits cours d'eau.

Répartition et abondance : Fréquent au Québec (jusque dans l'érablière à bouleau jaune ; s'observe aussi dans la sapinière à bouleau jaune au sud du fleuve et le long du Saguenay jusqu'au Lac-Saint-Jean) et dans les trois provinces maritimes.

Fougères

Identifier les fougères

Les fougères font partie du groupe des ptéridophytes, soit les végétaux vasculaires (possédant racines, tiges et feuilles) qui se reproduisent grâce à des spores (contrairement aux végétaux vasculaires supérieurs – gymnospermes et angiospermes – qui se reproduisent grâce à des graines).

Pour distinguer les fougères les unes des autres, on a essentiellement recours à quatre critères : 1) le découpage de la feuille (appelée fronde) ; 2) la position et la forme des sores (regroupement de sporanges fixés à la face inférieure du limbe ou groupés en épi sur une fronde fertile) ; 3) la présence ou l'absence d'indusie sur les sores (l'indusie étant une membrane qui recouvre et protège les sores) ; 4) la forme de cette indusie.

Tandis que le petit gymnocarpe fougère-du-chêne affiche une fronde trapue, de forme triangulaire, portant de petits sores ronds et dépourvus d'indusie en bordure du limbe, la gracieuse athyrie fougère-femelle arbore une longue fronde ovale, pointue, finement ramifiée, portant des sores linéaires, arqués ou en forme de virgule. L'osmonde de Clayton, elle, n'expose pas ses sores sur la face intérieure de son limbe, elle les exhibe plutôt le long du rachis de sa longue fronde, dans une section centrale dépourvue de feuillage.

Certaines autres fougères présentent, à l'exemple des prêles, des parties stériles et des parties fertiles. L'onoclée sensible porte à la fois une fronde stérile triangulaire non ramifiée et une fronde fertile, rappelant un épi de grains de poivre passant du vert au noir à la fin de l'été.

Dix-huit espèces communes de fougères forestières sont présentées dans le guide (le Québec et les Maritimes abritent un peu plus de soixante espèces de fougères ; les espèces non traitées s'observent plus rarement ou se trouvent dans des milieux non forestiers).

Fougère

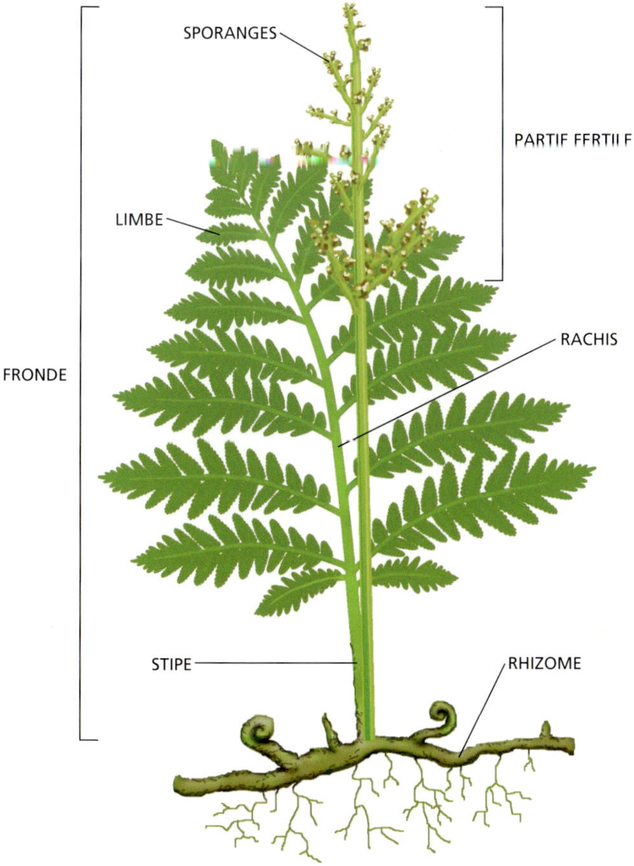

Botryche de Virginie

***Botrypus virginianus* (L.) Holub**
Rattlesnake fern
(Ophioglossacées)

Taille et port: Fougère de taille moyenne (mais le plus grand des botryches du Québec et des Maritimes: 30-80 cm) arborant une fronde divisée en deux parties: une partie fertile (fructifère) en tige dressée et une partie stérile (feuille) étalée à mi-hauteur.

Fronde: Limbe de la partie stérile en trois segments, très divisés, inégaux, triangulaires.

Fructification: Printanière, sur une longue hampe fertile terminale s'élançant au-dessus de la partie stérile. Sporanges nus (sans enveloppe rigide), sur deux rangs.

Habitat: Sols frais, parfois humides; sites ombragés ou semi-ouverts: parterres des forêts feuillues, mixtes et résineuses.

Répartition et abondance: Le plus fréquent des botryches: au Québec, jusqu'à la limite nord de la pessière noire à mousses, à 52° de latitude (mais davantage commun plus au sud); relativement fréquent au Nouveau-Brunswick et en Nouvelle-Écosse; peu commun dans l'île du Prince-Édouard.

Osmonde royale

Osmunda regalis **L.**
Royal fern
(Osmundacées)

Taille et port: Grande fougère (pouvant atteindre 1-1,5 m de hauteur) à fronde en deux parties: une partie complètement stérile (feuillée) et une partie fertile (dressée au-dessus de la partie stérile).

Fronde: Limbe de la partie stérile de grande taille, divisé deux fois; les divisions secondaires sont oblongues, vert clair, à bout arrondi.

Fructification: Printanière; sporanges groupés en panicule terminale passant du vert foncé au roux (lorsque les spores sont libérés).

Habitat: Sols humides, sites ombragés ou semi-ouverts: abords des cours d'eau et des lacs, orées des bois, marécages, tourbières, fossés.

Répartition et abondance: Fréquente au Québec (surtout en forêts décidue et mixte, mais s'observe sporadiquement jusqu'à 51° de latitude dans la pessière noire à mousses) et dans les Maritimes (sauf à l'île du Prince-Édouard, où elle est peu commune).

Osmonde cannelle

Osmunda cinnamomea L.
Cinnamon fern
(Osmundacées)

Taille et port : Grande fougère (pouvant atteindre 1-1,5 m de hauteur), pubescente, à deux types de fronde : une fronde verte complètement stérile et une autre complètement fertile.

Fronde : Fronde stérile à grand limbe à sommet rétréci, divisé deux fois, vert tendre, disposé avec d'autres en couronne.

Fructification : Printanière, dressée, émergeant du centre de la couronne de frondes, verte puis de couleur cannelle. Sporanges sphériques groupés en épi compact et dense.

Habitat : Sols humides, sites ombragés ou semi-ouverts : abords des cours d'eau, dépressions, bas de pente, fossés, forêts riveraines et tourbeuses.

Répartition et abondance : Fréquente au Québec (en forêt décidue et mixte, plus sporadiquement jusqu'à 50° de latitude) et dans les trois provinces maritimes.

Osmonde de Clayton

Osmunda claytoniana L.
Interrupted fern (Clayton's fern)
(Osmundacées)

Taille et port : Grande fougère (pouvant atteindre 1-1,5 m de hauteur) arborant une fronde divisée en deux parties, une stérile et une fertile, ou une fronde complètement stérile.

Fronde : Fronde stérile très semblable à celle de l'osmonde cannelle (grand limbe, divisé deux fois, disposé avec d'autres en couronne). La fructification permet de départager les deux espèces.

Fructification : Printanière, de vert tendre à brun roux à maturité, s'insérant dans une section dégagée à peu près toujours à mi-hauteur d'une fronde verte, en groupe de 1 à 5 paires. Sporanges sphériques groupés en petits épis denses.

Habitat : Sols humides et frais, sites ombragés ou semi-ouverts : abords des cours d'eau, dépressions, bas de pente, fossés.

Répartition et abondance : Fréquente au Québec (en forêt décidue ou mixte, et même jusqu'à 53° de latitude) et dans les trois provinces maritimes.

Dennstaedtie à lobules ponctués

Dennstaedtia punctilobula (Michx.) T. Moore

Hay-scented fern

(Dennstaedtiacées)

Taille et port: Fougère à rhizome, de taille moyenne (pouvant parfois atteindre jusqu'à 1 m de hauteur), odorante, formant des peuplements denses.

Fronde: Limbe très allongé (45 cm); fronde arquée, divisée 3 fois (les premières divisions sont très espacées), vert jaunâtre, à rachis très pubescent.

Fructification: Sur la face intérieure des frondes: petit sore (vert puis brun à maturité), saillant, solitaire au bout d'une dent et disposé avec d'autres de façon parallèle en bordure du limbe.

Habitat: Sols secs ou modérément bien drainés, sites ouverts, semi-ouverts ou ombragés: clairières, orées des coteaux boisés rocheux ou sablonneux, vieux brûlis.

Répartition et abondance: Fréquente au Québec (surtout dans les domaines des érablières, mais jusqu'à 48° de latitude, soit la limite nord de la sapinière à bouleau jaune) et dans les trois provinces maritimes.

Fougère-aigle commune (ptéridium des aigles)

***Pteridium aquilinum* (L.) Kuhn var. *latiusculum* (Desv.) Underwood**
Bracken fern (american bracken)
(Dennstaedtiacées)

Taille et port: Grande fougère à rhizome, atteignant 1 m de hauteur.

Fronde: Limbe très grand (30-90 cm de large), bien étalé à l'horizontale, sur un long pétiole, triangulaire, en trois grandes divisions.

Fructification: Sur la face intérieure des frondes: les sores, alignés à la marge du limbe, se trouvent dans la bordure enroulée, repliée sur elle-même.

Habitat: Sols souvent secs (sablonneux), parfois moins bien drainés, sites ouverts ou semi-ouverts: clairières, orées des bois, abords des routes et des voies ferrées, forêts clairsemées, champs abandonnés.

Répartition et abondance: Abondante au Québec (présente jusqu'à la limite nord de la pessière noire à mousses, à 52° de latitude) et dans les trois provinces maritimes.

Adiante du Canada (adiante pédalé, capillaire du Canada)

Adiantum pedatum L.
Maidenhair fern
(Ptéridacées)

Taille et port : Fougère de taille moyenne (30-70 cm), au limbe caractéristique (étalé en éventail), poussant en colonies parfois très denses, à stipe lustré, brun violet à noir.

Fronde : En forme d'éventail, sur un pétiole grêle, coriace, brun rougeâtre foncé, se scindant en plusieurs segments circulaires étalés à l'horizontale.

Fructification : Sur la face intérieure des frondes : les sores, allongés (rappelant de petites chenilles alignées), se retrouvent à la marge dentée du limbe, repliée légèrement sur ces derniers.

Habitat : Sols riches, de modérément bien drainés à légèrement humides : sous-bois des forêts feuillues, érablières à érable à sucre.

Répartition et abondance : Présente au Québec surtout dans les érablières à caryer et à tilleul (mais s'observe très sporadiquement jusqu'à 48° de latitude dans l'est de la sapinière à bouleau jaune). Peu commune au Nouveau-Brunswick (restreinte au Sud-Ouest), très rare en Nouvelle-Écosse, absente de l'île du Prince-Édouard (espèce désignée vulnérable par le gouvernement du Québec).

Fougère à moustaches (dryoptéride du hêtre)

Phegopteris connectilis **(Michx.) Watt**
Northern beech fern (long beech-fern)
(Thelyptéridacées)

Taille et port : Petite fougère (20-40 cm) à frondes arquées et triangulaires.

Fronde : Triangulaire, à sommet effilé, dont les deux derniers segments à la base du limbe forment un angle différent (plus ouvert) d'avec tous les autres (lesquels sont habituellement parallèles), formant ainsi une « moustache ». Le rachis, au revers du limbe, est couvert d'écailles brunes.

Fructification : Sur la face intérieure des frondes : sores vert jaunâtre, puis bruns à maturité, alignés à la marge du limbe.

Habitat : Sols frais modérément bien drainés : parterres des forêts feuillues, mixtes ou résineuses. Contrairement à ce que laisse supposer son ancien nom, cette fougère n'est pas plus fréquente dans les forêts de hêtre.

Répartition et abondance : Largement répandue et fréquente au Québec (s'observe jusque dans la toundra arctique arbustive) et dans les trois provinces maritimes.

Thélyptère de New-York (dryoptéride de New-York)
***Thelypteris noveboracensis* (L.) Nieuwland**
New York fern
(Thelyptéridacées)

Taille et port : Fougère de taille moyenne (30-35 cm) poussant en petites touffes.

Fronde : Large au centre et longuement rétrécie aux 2 extrémités (40-50 cm de longueur maximale), vert clair, divisée 2 fois, à rachis finement pubescent.

Fructification : Sur la face intérieure des frondes : sores blanchâtres, en forme de fer à cheval, disposés en rangées parallèles au bout des petites nervures des segments secondaires.

Habitat : Sols frais ou légèrement humides, sites ombragés ou semi-ouverts : sous-bois des forêts feuillues ou mixtes, orées des bois humides, clairières, abords des marais et des marécages.

Répartition et abondance : Fréquente au Québec (jusque dans la sapinière à bouleau jaune) et dans les trois provinces maritimes.

Polypode de Virginie

***Polypodium virginianum* L.**
Rock polypody
(Polypodiacées)

Taille et port : Petite fougère (de 5-30 cm de longueur) colonisant les rochers, parfois en colonies très denses.

Fronde : Allongée (lancéolée), coriace, divisée une seule fois, vert foncé sur le dessus ; dessous plus pâle.

Fructification : Sur la face intérieure des frondes : sores vert blanchâtre, puis brun orangé à maturité, en deux rangées de chaque côté de la nervure centrale.

Habitat : Tapis de mousses ou humus recouvrant les rochers ; corniches ou escarpements ombragés ; saillies rocheuses bordant les cours d'eau ; blocs erratiques laissés par les glaciers en forêt.

Répartition et abondance : Fréquente au Québec (en zones décidue et mixte ; plus sporadique en zone boréale, mais atteint toutefois 56° de latitude aux confins de la taïga) et dans les Maritimes, sauf à l'île du Prince-Édouard, où il est très rare.

Polystic faux-acrostic

***Polystichum acrostichoides* (Michx.) Schott**
Christmas fern
(Dryoptéridacées)

Taille et port : Fougère de taille moyenne (jusqu'à 40 cm de longueur), poussant en couronne parfaite de frondes.

Fronde : Allongée, divisée une seule fois, très coriace, vert foncé, à pétiole écailleux, persistante en hiver sous la neige. À la base des segments, une auricule caractéristique s'observe sur la tranche supérieure.

Fructification : Sur la face intérieure des frondes et sur les segments réduits du sommet de la fronde (les frondes qui portent les fructifications se recroquevillent à leur extrémité). Sores ronds, brun orangé à maturité, se touchant pour couvrir presque totalement, comme un épais tapis, le segment de limbe.

Habitat : Sols riches et modérément bien drainés des forêts feuillues ; crêtes et coteaux rocheux ombragés ; bois plutôt secs.

Répartition et abondance : Fréquent au Québec (dans les érablières à caryer et à tilleul surtout, mais s'observe aussi, plus sporadiquement, jusque dans l'érablière à bouleau jaune), au Nouveau-Brunswick et en Nouvelle-Écosse ; peu commun à l'île du Prince-Édouard.

Gymnocarpe fougère-du-chêne

(dryoptéride disjointe)
***Gymnocarpium dryopteris* (L.) Newman**
Oak fern
(Dryoptéridacées)

Taille et port: Petite fougère délicate (ne dépassant pas 30 cm de hauteur), grossièrement triangulaire et s'étalant presque à l'horizontale.

Fronde: Triangulaire, vert tendre, mince, ramifiée en 3 autres petits triangles, rachis vert grisâtre foncé et plutôt luisant.

Fructification: Sur la face intérieure des frondes: sores ronds, orangé brûlé à maturité, se trouvant tout près de la marge du limbe.

Habitat: Sols frais, parfois humides (plus au nord); parterre des forêts feuillues, mixtes ou résineuses. Contrairement à ce que laisse supposer son nom, cette fougère n'est pas plus fréquente dans les forêts de chênes.

Répartition et abondance: Largement répandue et fréquente au Québec (s'observe jusque dans la toundra arctique arbustive) et dans les trois provinces maritimes.

Dryoptère intermédiaire

Dryopteris intermedia **(Mühl. ex Willd.) A. Gray**
Evergreen wood-fern
(Dryoptéridacées)

Taille et port : De taille moyenne (45-50 cm de hauteur), à frondes arquées et en couronne (souvent imparfaite).

Fronde : Ovale ou lancéolée, à sommet effilé, divisée 3 fois ; présence de dents bien apparentes et épineuses (dotées d'une spinule : petite épine terminale retroussée) ; limbe glanduleux.

Fructification : Sur la face intérieure des frondes : sores réniformes, disposés en 2 rangées centrales.

Habitat : Sols frais, de modérément bien drainés à humides : sous-bois des forêts décidues, mixtes et résineuses.

Répartition et abondance : Abondante au Québec (surtout dans les domaines des érablières et jusque dans la sapinière à bouleau blanc) et dans les Maritimes. Trois espèces voisines peuvent aussi se rencontrer : *D. carthusiana*, *D. campyloptera* et *D. expansa* (cette dernière absente des Maritimes).

Dryoptère à sores marginaux

(dryoptéride marginale)
Dryopteris marginalis **(L.) A. Gray**
Marginal wood-fern
(Dryoptéridacées)

Taille et port : De taille moyenne (50-60 cm), en couronne parfaite et bien étalée.

Fronde : Ovale ou oblongue, acuminée, vert bleuté, divisée 2 fois, persistante.

Fructification : Sur la face intérieure des frondes : sores réniformes, gros, distancés les uns des autres, alignés très près de la marge du limbe.

Habitat : Sols secs à modérément bien drainés : coteaux rocheux ombragés, crêtes boisées, escarpements, pentes des ravins.

Répartition et abondance : Fréquente au Québec (surtout dans les domaines des érablières, mais s'observe aussi dans la sapinière à bouleau jaune ; jusqu'à 49° de latitude dans la péninsule gaspésienne) et dans les trois provinces maritimes.

Dryoptère à crêtes

Dryopteris cristata **(L.) A. Gray**
Crested shield-fern
(Dryoptéridacées)

Taille et port: De taille moyenne (50-60 cm), à frondes étroites, dressées et bien droites, puis soudainement arquées au sommet.

Fronde: Étroite, allongée, arquée au sommet, large de 8 à 15 cm, à fine et élégante nervation, divisée 2 fois, bordée d'une multitude de petites dents fines se terminant par une épine. Les frondes sont de 2 types: les stériles sont courtes et s'étalent à la base de la plante, les fertiles sont plus grandes, dressées et ont des segments presque horizontaux.

Fructification: Sur la face intérieure des frondes dressées: sores gros, arrondis, disposés en 2 rangées médianes centrales.

Habitat: Sols humides, sites ouverts ou semi-ouverts: abords des tourbières, marais et marécages; cédrières, forêts résineuses.

Répartition et abondance: Fréquente au Québec (jusque dans la sapinière à bouleau jaune; s'observe aussi très sporadiquement, plus au nord, jusqu'à 53° de latitude au début de la taïga).

Athyrie fougère-femelle

***Athyrium filix-femina* (L.) Roth ex Mertens var. *angustum* (Willd.) G. Lawson**

Lady fern

(Dryoptéridacées)

Taille et port : De taille moyenne (50-60 cm), en couronne touffue de frondes dressées vert clair.

Fronde : Ovale oblongue, acuminée, élégante, divisée 3 fois, bordée de dents aiguës (mais qui ne se terminent pas en épine comme les dryoptères intermédiaire et à crêtes).

Fructification : Sur la face intérieure des frondes dressées : petits sores allongés, en forme caractéristique de virgule, disposés en 2 rangées médianes centrales.

Habitat : Sols frais et humides, sites ombragés ou parfois semi-ouverts : abords des cours d'eau, des dépressions, bordures boisées humides.

Répartition et abondance : Fréquente au Québec (surtout dans les domaines des érablières, mais aussi dans la sapinière à bouleau jaune ; s'observe plus sporadiquement jusque dans la toundra forestière) et dans les Maritimes.

Onoclée sensible

Onoclea sensibilis L.

Sensitive fern

(Dryoptéridacées)

Taille et port: De taille moyenne (50-80 cm), en colonies parfois très denses. À deux types de fronde: une fronde verte et stérile; une fronde fertile, d'abord verte, puis devenant brune à maturité.

Fronde: Fronde stérile triangulaire, une seule fois divisée, bordée de larges dents arrondies.

Fructification: En fin d'été, dressée sur une tige glabre, verte puis brune, persistante tout l'hiver. Sores groupés dans un segment secondaire de la fronde fertile, dans des sphères détachées évoquant des grains de poivre sur un épi.

Habitat: Sols humides à très humides (souvent inondés au printemps): forêts riveraines, berges des cours d'eau, fossés, dépressions, marécages, abords des tourbières et des marais.

Répartition et abondance: Abondante au Québec (surtout dans les domaines des forêts feuillues et mélangées, mais s'observe jusqu'à la limite nordique de la pessière noire à mousses, à 52° de latitude) et dans les trois provinces maritimes.

Matteuccie fougère-à-l'autruche

Matteuccia struthiopteris (L.) Todaro var. *pensylvanica* (Willd.) C. V. Morton

Ostrich fern

(Dryoptéridacées)

Taille et port: Grande fougère pouvant atteindre 2 m de hauteur, à deux types de fronde: de larges frondes vertes et stériles, en couronne, entourant de plus petites frondes fertiles dressées et brunes.

Fronde: Fronde stérile large, divisée 2 fois, à sommet brusquement rétréci (mais se terminant en une petite pointe), disposée en couronne. L'examen du rachis, parcouru d'un sillon, permet de distinguer la fronde stérile de la matteuccie de celles des osmondes.

Fructification: Sores groupés dans des sphères soudées, sur des frondes fertiles courtes (environ la moitié de la longueur des frondes stériles), dressées, vert olive, puis brun foncé à maturité.

Habitat: Sols riches et humides: forêts riveraines; abords des cours d'eau, marais et marécages; bois inondés au printemps.

Répartition et abondance: Fréquente au Québec (surtout dans les domaines des forêts feuillues et mélangées; observée sporadiquement jusqu'à 50° de latitude dans la pessière noire à mousses) et dans les trois provinces maritimes (espèce désignée vulnérable à la cueillette commerciale par le gouvernement du Québec).

Prêles, lycopodes, mousses, sphaignes et lichens

Identifier prêles et lycopodes

Prêles et lycopodes font aussi partie du groupe des ptéridophytes, soit les végétaux vasculaires (possédant racines, tiges et feuilles) qui se reproduisent grâce à des spores.

Les prêles

Les prêles se distinguent facilement des autres végétaux du parterre forestier par leur apparence singulière. Formées d'une tige aérienne articulée, cannelée et creuse, et séparée par des nœuds, les prêles s'élèvent du sol en déployant un feuillage minuscule. Les feuilles, verticillées, sont soudées en gaine aux nœuds.

Tout comme les lycopodes, les prêles disposent d'un strobile terminal pour disséminer leurs spores. Certaines espèces présentent des tiges distinctes (tiges stériles pour la photosynthèse et tiges fertiles pour la reproduction, comme chez la prêle des champs) ; chez d'autres, tiges fertiles et tiges stériles sont semblables (prêle d'hiver).

La ramification ou non du feuillage, l'insertion et la disposition des rameaux dans les nœuds et l'aspect des nœuds sont autant de critères servant à départager les différentes espèces de prêles.

Quatre espèces forestières communes de la famille des Équisétacées sont présentées dans le guide (le Québec et les Maritimes abritent huit espèces au total dans ce groupe ; quatre autres espèces s'observent plus rarement ou se trouvent dans des milieux non forestiers).

PRÊLE

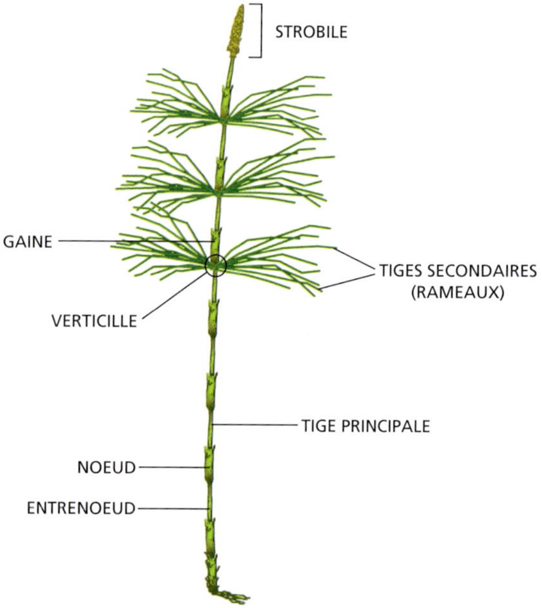

Lycopode

Les lycopodes

Tapissant le sol de la forêt, les lycopodes se remarquent par leurs réseaux de rhizomes rampants (les « courants verts ») ou par leur petite tige aérienne, frêle, quelquefois ramifiée, mais toujours garnie de petites feuilles. Ces feuilles sont en forme d'aiguille (aciculaires) ou d'écaille (squamiformes, un peu à l'exemple du thuya occidental). Elles sont disposées parfois en spirale autour de la tige, parfois opposées sur les tiges à rameaux aplatis (comme chez le lycopode aplati).

Au sommet des tiges aériennes de plusieurs lycopodes s'observe un strobile. Cette structure ressemble vaguement, chez plusieurs espèces, à un épi de maïs miniature au bout d'une longue queue. Le strobile se présente aussi sous la forme d'un simple renflement de la tige aérienne chez d'autres (lycopodielle inondée). Le strobile sert à la reproduction et regroupe les sporanges (qui contiennent les spores de la plante). Les lycopodes qui ne disposent pas de strobile (comme l'huperzie brillante) portent plutôt des sporanges à l'aisselle des feuilles.

Six espèces forestières communes de la famille des Lycopodiacées sont présentées dans le guide (le Québec et les Maritimes abritent un total de onze espèces de lycopodes, de lycopodielles et d'huperzies; cinq espèces s'observent plus rarement ou se trouvent dans des milieux non forestiers).

Reconnaître mousses, sphaignes et lichens

Mousses et sphaignes : de vieilles connaissances bien présentes en forêt

Les bryophytes (mousses et sphaignes) sont des plantes invasculaires très anciennes. Dépourvues de racines, elles possèdent toutefois un axe aérien dressé, la tige, et se reproduisent grâce à une structure terminale au bout d'un pédicelle, la capsule, qui protège, puis libère les spores dans l'atmosphère. Souvent confondues avec les mousses, les sphaignes sont moins diversifiées, mais elles sont abondantes dans les tourbières nordiques. Contrairement aux mousses (photo ci-dessous), dont la morphologie varie considérablement, les sphaignes ont une forme homogène, très semblable d'une espèce à l'autre.

Le lichen : une association champignon–algue remontant à des millions d'années

Le lichen est le fruit d'une intime association – d'une fusion en fait – entre un champignon et une algue. Les cellules des lichens ne sont pas organisées en véritables tissus. Ceux-ci n'ont pas de racine, pas de tige, pas de feuille, mais plutôt un thalle (du grec *thallos*, signifiant « rameau aplati »). Près de mille espèces de lichens ont été dénombrées au Québec, et plusieurs d'entre elles s'observent abondamment dans les forêts nordiques, les sapinières de l'est du Québec et en forêt acadienne. Les chances de rencontrer certains lichens en forêt, dont *Lobaria pulmonaria* (photo ci-dessus), qui s'observe fréquemment dans les vieilles forêts des Maritimes, augmentent avec l'âge du peuplement. D'autres espèces (celles du genre *Cladina* notamment : la cladine étoilée ou la cladine rangifère) sont abondantes au nord du 50e parallèle sur le parterre des pessières nordiques et dans la taïga.

Prêle d'hiver (prêle des tourneurs)

Equisetum hyemale (L.) subsp. *affine* (Engelm.) Calder et Roy L. Taylor
Great scouring-rush
(Équisétacées)

Taille et port : Grande prêle atteignant 80-100 cm de hauteur : tige creuse, droite et nue ; vert clair à l'émergence, vert foncé par la suite ; striée finement de cannelures ; rude au toucher ; évoquant un bambou miniature. Persistante durant l'hiver (les tiges observées tôt au printemps, vert foncé, sont celles de l'année précédente).

Feuille : En verticille, minuscule, noir pourpre, soudée à la gaine des noeuds.

Fructification : Solitaire, en épi ovale, au bout de la tige. Sur cette pointe terminale – le strobile – se trouvent les sporanges (contenant les spores), cachés sous les disques hexagonaux (écussons).

Habitat : Sols variés, modérément bien drainés à légèrement humides ; parterres des forêts, abords des cours d'eau, orées des bois, coteaux rocheux ou sablonneux.

Répartition et abondance : S'observe au Québec (surtout dans les domaines des forêts décidues et mélangées, plus sporadique jusqu'à 49 ° de latitude dans la sapinière à bouleau blanc). Relativement fréquente au Nouveau-Brunswick et en Nouvelle-Écosse ; très rare ou absente (statut incertain) de l'île du Prince-Édouard.

Prêle faux-scirpe

***Equisetum scirpoides* Michx.**
Dwarf scouring-rush (sedge-like horsetail)
(Équisétacées)

Taille et port : Petite prêle (10-15 cm) poussant en touffe de tiges menues, tordues et entrelacées, plus ou moins réclinées, vert foncé, rappelant la forme d'un tampon à récurer les chaudrons. Commune, mais se remarque difficilement sur le parterre forestier.

Feuille : En verticille, minuscule, sombre, soudée à la gaine des nœuds.

Fructification : Très printanière et brève : sous la forme d'un petit épi (strobile), de la taille d'un grain de riz, au bout des tiges.

Habitat : Sols frais et humides des parterres forestiers feuillus au sud ; sols secs des forêts résineuses au nord : abords des cours d'eau, dépressions, platières des rivières, parterres de mousses.

Répartition et abondance : Fréquente au Québec (jusque dans la pessière noire à mousses ; plus sporadique jusque dans la toundra arctique herbacée). Relativement fréquente au Nouveau-Brunswick, de peu commune à relativement fréquente en Nouvelle-Écosse ; très rare à l'île du Prince-Édouard.

Prêle des champs

***Equisetum arvense* L.**

Field horsetail

(Équisétacées)

Taille et port: Prêle de taille moyenne (30-40 cm), à deux types de tige: une tige verte et stérile, présente toute l'été; une tige fertile printanière, plus courte (15 cm), beige blanchâtre, précédant la première et disparaissant très vite.

Tige stérile et feuille: Tige verte ramifiée une seule fois. Les ramifications simples et légèrement retroussées (plutôt qu'horizontales) et la grosse gaine renflée à pointes libres et brunes (plutôt que mince et verdâtre) permettent de la distinguer, notamment d'une espèce voisine semblable (la prêle des prés, *Equisetum pratense*, à droite sur la photo du bas).

Fructification: Très printanière, éphémère, en strobile sur une tige beige blanchâtre, dépourvue de chlorophylle.

Habitat: Sols variés, de secs à humides; sites ouverts autant qu'ombragés: clairières, orées des bois, abords des cours d'eau, bords de routes, parterres forestiers, etc.

Répartition et abondance: La plus fréquente des prêles de l'est de l'Amérique du Nord: jusque dans la toundra arctique herbacée au Québec; partout dans les Maritimes.

Prêle des bois

***Equisetum sylvaticum* L.**
Woodland horsetail
(Équisétacées)

Taille et port : Prêle de taille moyenne (40-50 cm), à deux types de tige : une tige verte et stérile ; une tige fertile printanière, beige blanchâtre, puis verte, dont le strobile disparaît de manière à la rendre semblable à une tige stérile d'été.

Tige et feuille : Tige dont les rameaux sont eux-mêmes ramifiés (critère la distinguant de toutes les autres prêles). Gaine à pointes libres et très longues. Divers types de feuilles : en gaine, à l'insertion des rameaux sur la tige, sur les ramifications.

Fructification : Printanière, éphémère, en strobile sur une tige beige blanchâtre.

Habitat : Sols variés, mais souvent frais et humides ; sites semi-ouverts ou ombragés : parterres forestiers, orées des bois, clairières, abords des lacs et des rivières.

Répartition et abondance : Fréquente au Québec (jusque dans la toundra arctique arbustive) et dans toutes les Maritimes.

Huperzie brillante (lycopode brillant)
***Huperzia lucidula* (Michx.) Rothmaler**
Shining clubmoss
(Lycopodiacées)

Taille et port : Lycopode à tige couchée, rampante, complètement feuillée, se redressant pour atteindre 10-12 cm de hauteur, ramifiée généralement en 2 parties égales.

Feuille : Vert foncé, lustrée, alterne, allongée, acuminée, étalée à l'horizontale ou arquée légèrement vers le bas.

Fructification : Sporange jaune, en forme de croissant, le long de la tige, à l'aisselle des feuilles (seul lycopode ne portant pas ses sporanges sur un épi différencié, le strobile).

Habitat : Sols frais, modérément bien drainés : sous-bois des forêts décidues (érablière à bouleau jaune surtout), mixtes et résineuses.

Répartition et abondance : Fréquente au Québec (jusqu'à 51° de latitude dans la pessière noire à mousses) et dans les trois provinces maritimes.

Lycopodielle inondée (lycopode palustre)

***Lycopodiella inundata* (L.) Holub**

Bog clubmoss

(Lycopodiacées)

Taille et port: Lycopode à tige couchée, rampante, complètement feuillée, se redressant pour atteindre 5 à 10 cm de hauteur.

Feuille: Vert clair, luisante, alterne, allongée (en aiguille), très acuminée, arquée.

Fructification: En strobile, solitaire, se présentant comme le simple renflement d'une tige dressée.

Habitat: Sols mouillés, détrempés, souvent inondés au printemps; sites ouverts, semi-ouverts ou ombragés: rivages sablonneux des petits cours d'eau, dépressions, parterres mousseux ou tourbeux aux abords des marais et marécages, orée des bois humides.

Répartition et abondance: Fréquente au Québec (jusqu'à 53° de latitude, au début de la taïga), au Nouveau-Brunswick et en Nouvelle-Écosse; rare ou peu commune à l'île du Prince-Édouard.

Lycopode à massue (lycopode claviforme)

Lycopodium clavatum **L.**

Running clubmoss (common clubmoss)

(Lycopodiacées)

Taille et port: Lycopode à tige couchée, rampante et zigzagante (formant des « courants verts »), densément feuillée, se redressant pour atteindre jusqu'à 20-25 cm de hauteur (avec le strobile).

Feuille: Vert clair, luisante, allongée, arquée vers le haut, terminée par une longue soie blanche, remarquable (arrondissant le profil des ramifications qui font alors penser à de petites massues).

Fructification: Sur un long pédicelle (10-15 cm de hauteur) portant de 1 à 4 strobiles minces et allongés, garnis eux aussi de soies blanches.

Habitat: Sols variés, mais souvent secs (sablonneux) et acides ; sites ouverts ou semi-ouverts : lisières ou sous-bois clairs des forêts mixtes et résineuses.

Répartition et abondance: Largement répandu et fréquent au Québec (jusque dans la toundra arctique arbustive) et dans les Maritimes.

Lycopode foncé (lycopode obscur)

***Lycopodium obscurum* L.**

Tree clubmoss (ground pine)

(Lycopodiacées)

Taille et port: Lycopode à tige dressée (18-20 cm de hauteur), à feuillage étagé, rappelant un petit conifère miniature.

Feuille: Vert sombre, lustrée, allongée, acuminée; feuilles très nombreuses.

Fructification: De 1 à 4 strobiles sans queue, terminant la tige dressée, de coloration vert clair puis beige à maturité, évoquant de petits cônes.

Habitat: Sols secs ou modérément bien drainés, plutôt acides: parterres des forêts décidues (érablière à bouleau jaune surtout), mixtes ou résineuses.

Répartition et abondance: Largement répandu et fréquent au Québec (jusque dans la toundra forestière) et dans les Maritimes.

Lycopode interrompu (lycopode innovant)

Lycopodium annotinum L.
Stiff clubmoss
(Lycopodiacées)

Taille et port : Lycopode à tige rampante, entièrement feuillée, se redressant pour atteindre 18-20 cm de hauteur).

Feuille : Allongée, acuminée, étalée à l'horizontale ou arquée légèrement vers le bas, d'un vert très lustré.

Fructification : Strobile solitaire, sans queue, au sommet des tiges dressées, vert jaunâtre (plus pâle que le feuillage), se terminant en une petite pointe.

Habitat : Sols variés, souvent secs ou modérément bien drainés, sites semi-ouverts ou ombragés ; parterres des forêts mixtes et résineuses surtout (moins fréquemment en forêt feuillue) ; taïga.

Répartition et abondance : Largement répandu et fréquent jusqu'à l'extrême nord du Québec (toundra arctique herbacée) et dans les Maritimes.

Lycopode aplati

***Diphasiastrum complanatum* (L.) Holub**
Trailing clubmoss (flattened clubmoss)
(Lycopodiacées)

Taille et port: Lycopode rampant, à tige raide, se dressant en ramifications aplaties pour atteindre 20-25 cm de hauteur (incluant la longue queue portant le strobile).

Feuille: Minuscule, aplatie (squamiforme), soudée aux ramifications sur presque toute sa longueur.

Fructification: Selon certains botanistes, l'espèce se scinde en deux variétés (« en éventail » ou « aplatie »), alors que pour d'autres, il s'agit de deux espèces distinctes. La variété – ou espèce – en éventail (*Diphasiastrum digitatum*, auparavant *Lycopodium flabelliforme*) arbore 3, 4 ou 5 strobiles réunis sur une même queue (évoquant un chandelier), tandis que la variété aplatie possède des strobiles habituellement solitaires (rarement 2 ou 3).

Habitat: Sols variés, de secs (sablonneux) à humides, semi-ouverts ou ombragés : parterres des forêts mixtes et résineuses, lisières des bois, platières sablonneuses des rivières, abords des cours d'eau.

Répartition et abondance: Largement répandu et fréquent au Québec (jusque dans la toundra arctique arbustive) et dans les Maritimes.

Mousses et sphaignes (plusieurs espèces)

***Polytrichum* spp., *Mnium* spp., *Dicranum* spp., *Sphagnum* spp., etc.**

Taille et port : Plantes formant habituellement des colonies denses, en épais coussins au ras du sol, sur les roches ou les troncs renversés. La forme des mousses (photo de gauche) varie beaucoup, mais celle des sphaignes (photo de droite) est très homogène (distinguer les espèces au sein de ce dernier groupe est très difficile : il n'existe d'ailleurs qu'un seul genre de sphaignes, *Sphagnum*).

Fructification : Mousses et sphaignes arborent une capsule terminale (contenant les spores) au bout d'un pédicelle (long et bien visible chez les mousses ; minuscule et très court chez les sphaignes).

Habitat : Pour les mousses : sites secs, frais ou humides, parterres ouverts, semi-ouverts ou ombragés des forêts décidues, mixtes ou résineuses. Pour les sphaignes : sites humides, tourbières et sous-bois de conifères.

Répartition et abondance : Plus de 600 espèces de mousses répertoriées partout au Québec et dans les Maritimes ; quelque 45 espèces de sphaignes observées au Québec (dont 37 en zone boréale seulement).

Lichens (plusieurs espèces)

***Cladina* spp., *Lobaria* spp., *Usnea* spp., *Bryoria* spp.**

Taille et port: En rameaux aplatis (thalles) étalés sur le parterre forestier (lichens terrestres), sur les troncs des arbres ou suspendus aux branches (lichens épiphytes).

Lichens terrestres: Formant au ras du sol des masses compactes, denses, semblables à des coraux. Deux des espèces parmi les plus fréquemment rencontrées en zone boréale et au-delà (sites ouverts et secs): la cladine étoilée, *Cladina stellaris* (photo de gauche: rameaux fins, gris jaune verdâtre, sans axe principal distinct), et la cladine rangifère, *C. rangiferina* (photo du centre: rameaux gris cendre, à axe principal distinct évoquant le port d'un arbre miniature).

Lichens épiphytes: En thalles sur les troncs des arbres (structures très variables selon les espèces) ou suspendus aux branches (photo de droite) en rameaux fins et entrelacés (espèces des genres *Usnea* ou *Bryoria*, par exemple).

Habitat: Très varié: sites secs ou humides; ouverts, semi-ouverts ou ombragés selon les espèces.

Répartition et abondance: Quelque 950 espèces de lichens au Québec et dans les Maritimes.

Pour en savoir plus

Glossaire

A

Acaule (adj.). Qualifie une plante qui n'a pas de tige apparente.

Aciculaire (adj.). Se dit d'une feuille linéaire, rigide et pointue. Ex. : la feuille aciculaire du pin rouge.

Acuminé(e) (adj.). Qualifie une structure se terminant en pointe allongée et effilée.

Aiguille (n. f.). Nom donné aux feuilles linéaires, rigides et plus ou moins pointues des conifères.

Aisselle (n.f.). Région située au-dessus de l'insertion du pétiole (voir ce mot) d'une feuille sur une tige ou, plus généralement, dans l'angle formé par la jonction d'un organe sur un axe ; plusieurs fleurs d'arbres et d'arbustes s'observent à l'aisselle des feuilles avec la tige ou à l'aisselle de la tige avec le rameau.

Alterne (adj.). Qualifie la disposition de feuilles insérées sur une tige à des hauteurs différentes.

Angiosperme (n. f.). Plante à fleurs dont les graines se développent à l'intérieur d'un fruit (ovaire). Les angiospermes réunissent l'immense majorité des espèces végétales terrestres de taille moyenne ou grande (quelque 250 000 espèces dans le monde).

Apétale (adj.). Qualifie une fleur dépourvue de pétales (voir ce mot).

Auricule (n. f.). Petit appendice semblable au lobe d'une oreille.

B

Baie (n. f.). Fruit charnu ou mou contenant une ou plusieurs graines. Les fruits des sorbiers et des bleuets sont des baies.

Basilaire (adj.). Qualifie une structure ou un organe se développant à partir de la base d'une plante ; une feuille insérée à la base d'une tige est une feuille basilaire.

Bétulaie (n. f.). Peuplement forestier dominé par une espèce de bouleau. Ex. : bétulaie jaune, bétulaie blanche, bétulaie grise.

Bractée (n. f.). Petite feuille différente des autres feuilles (par sa forme et/ou sa couleur) et qui accompagne parfois la fleur ou le fruit. La fleur du tilleul arbore une bractée très différente de la feuille.

C

Calcicole (adj.). Qualifie une plante colonisant les sols riches en calcaire.

Calice (n. m.). Ensemble des sépales (voir ce mot) d'une fleur formant son enveloppe extérieure. Voir corolle.

Capitule (n. m.). Inflorescence (voir ce mot) caractéristique des Astéracées formée d'un groupement de petites fleurs sessiles (voir ce mot), serrées les unes contre les autres, insérées sur un pédoncule (voir ce mot) élargi en forme de plateau et entourées de rayons (voir ce mot). L'ensemble simule une seule fleur, aussi appelée « fleur composée ». La fleur de l'aster à grandes feuilles est un capitule.

Caréné(e) (adj.). Qualifie une structure affichant une arête saillante, plus ou moins étroite ou aiguë.

Carpelle (n. m.). Structure propre aux angiospermes ; cavité fermée de la fleur portant les ovules. Le carpelle se compose de l'ovaire, du style et du stigmate.

Cédrière (n. f.). Peuplement forestier dominé par le thuya occidental.

Chênaie (n. f.). Peuplement forestier dominé par une espèce de chêne. Ex. : chênaie rouge, chênaie blanche.

Cléistogame (adj.). Qualifie une fleur qui ne s'ouvre pas et dont la pollinisation se fait par autofécondation.

Composé(e) (adj.). Qualifie une feuille dont les divisions du limbe (voir ce mot) atteignent la nervure médiane. Ces divisions, appelées folioles (voir ce mot), s'attachent à un même axe central. Les frênes possèdent des feuilles composées.

Cordé(e) (adj.). Qualifie un organe ou une structure en forme de cœur. Syn. : cordiforme.

Corolle (n. f.). Ensemble des pétales (voir ce mot) d'une fleur formant son enveloppe intérieure. Voir calice.

Corymbe (n. m.). Inflorescence (voir ce mot) dans laquelle les axes secondaires s'insèrent à des points différents le long de la tige, mais dont les fleurs arrivent à peu près à la même hauteur. Les aubépines ou l'eupatoire maculée présentent des inflorescences en corymbe.

Crénelé(e) (adj.). Qualifie une feuille bordée de dents obtuses ou arrondies, comme celle du peuplier deltoïde.

Cunéaire (adj.). En forme de coin ou de triangle renversé. Ex. : la base cunéaire des feuilles de certaines espèces d'aubépines ou de saules. Syn. : cunéiforme.

Cupule (n. f.). Enveloppe écailleuse, épineuse ou foliacée, en forme de petite coupe, recouvrant en partie certains fruits, dont ceux des chênes.

Cyme (n. f.). Inflorescence (voir ce mot) au sein de laquelle l'axe principal, de même que les axes secondaires, se terminent chacun par une fleur différenciée. Le cornouiller à feuilles alternes présente une inflorescence en cyme.

D

Denté(e) (adj.). Qualifie le limbe (voir ce mot) des feuilles munies de dents, comme celles de plusieurs espèces au sein de la famille des Bétulacées.

Dioïque (adj.). Qualifie une plante dont les fleurs mâles et les fleurs femelles sont portées par des individus différents. Voir monoïque.

Drupe (n. f.). Fruit charnu, ou mou, contenant habituellement une seule graine à noyau dur, lignifié. Les fruits des cerisiers et des viornes sont des drupes.

E

Embrassant(e) (adj.). Se dit d'une feuille dont la base sessile (voir ce mot) entoure plus ou moins la tige.

Entier(ière) (adj.). Qualifie un limbe (voir ce mot) de feuille qui n'est ni divisé ni denté.

Épi (n. m.). Inflorescence (voir ce mot) au sein de laquelle des fleurs sessiles (voir ce mot) ou presque sessiles s'insèrent le long d'un axe principal allongé et non ramifié. Les goodyéries (famille des Orchidacées) présentent une inflorescence en épi.

Épiphyte (adj.). Qualifie une plante qui croît sur une autre plante sans la parasiter (sans se nourrir à ses dépens). Note : ce mot peut aussi être un nom masculin.

Érablière (n. f.). Peuplement forestier dominé par une espèce d'érable. Ex. : érablière argentée, érablière à érable à sucre, érablière à bouleau jaune.

Exfolier (s') (v.). En parlant d'une écorce, se détacher par feuillets.

F

Fascicule (n. m.). Petit faisceau, houppe de poils (s'emploie indifféremment pour les animaux et les plantes).

Feuillaison (n. f.). Sortie des feuilles.

Foliacé(e) (adj.). Qui a la consistance ou l'apparence d'une feuille.

Foliole (n. f.). Division du limbe (voir ce mot) d'une feuille composée (voir ce mot). Au contraire d'une feuille simple, la foliole ne possède pas de bourgeon à l'aisselle (voir ce mot).

Frênaie (n. f.). Peuplement forestier dominé par une espèce de frêne. Ex. : frênaie blanche, frênaie noire, frênaie rouge.

Fronde (n. f.). Partie verte des fougères. Le limbe de la fronde est parcouru par un rachis (voir ce mot) et se rattache au rhizome (voir ce mot) par le stipe (voir ce mot).

Fructifère (adj.). Qui porte des fruits ou des organes reproducteurs.

Fût (n. m.). Tronc d'arbre dans sa partie droite et dépourvue de branches.

G

Gaine (n. f.). Base élargie d'une feuille ou de sa queue entourant plus ou moins la tige. Chez les prêles, la gaine désigne un anneau renflé formé de plusieurs feuilles soudées sur la tige.

Glabre (adj.). Qualifie une structure ou un organe dépourvu de poil.

Glanduleux(se) (adj.). Qualifie une structure ou un organe arborant des poils sécréteurs qui portent une petite glande à leur extrémité.

Globuleux(se) (adj.). Se dit d'une structure ou d'un organe sphérique.

Graine (n. f.) Organe de reproduction des végétaux supérieurs résultant de la fécondation de l'ovule par un grain de pollen. La graine contient un embryon qui, s'il arrive à germer, produira un nouvel individu.

Grappe (n. f.). Inflorescence ou infrutescence (voir ces mots) au sein de laquelle des fleurs munies d'une queue (généralement toutes de la même longueur) s'insèrent le long d'un axe principal allongé et non ramifié. Le cerisier tardif et l'érable de Pennsylvanie présentent une inflorescence en grappe.

Gymnosperme (n. f.). Plante (arbre ou arbuste) à ovules et graines nus. Les conifères forment la majorité au sein du groupe des gymnospermes ; environ 550 espèces de conifères à l'échelle mondiale sur quelque 700 espèces au total pour le groupe.

H

Hêtraie (n. f.). Peuplement dominé par le hêtre à grandes feuilles.

Hydrique (adj.). Qualifie un sol où l'eau disponible pour les plantes est abondante.

I

Indusie (n. f.). Excroissance du limbe (voir ce mot) des fougères ; membrane recouvrant et protégeant les sores (voir ce mot) de certaines espèces. Fausse indusie : indusie formée par la marge repliée du limbe et non par une excroissance (présente chez l'adiante du Canada et la fougère-aigle commune).

Inflorescence (n. f.). Disposition ou arrangement des fleurs sur une plante ; inflorescence en épi, en grappe, en ombelle, etc.

Infrutescence (n. f.). Disposition ou arrangement des fruits sur une plante, résultant du développement de l'inflorescence (voir ce mot).

Invasculaire (adj.). Se dit d'une plante dépourvue de vaisseau interne pour la circulation de la sève.

L

Labelle (n. m.). Pétale (voir ce mot) médian ou central, chez les Orchidacées ; habituellement plus gros et très différent des autres pétales.

Lancéolé(e) (adj.). Qualifie une feuille en forme de fer de lance.

Lenticelle (n. f.). Orifice (souvent horizontal) sur l'écorce lisse de certains arbres (aulnes, cerisier de Pennsylvanie, prunier noir) permettant les échanges gazeux.

Ligulé(e) (adj.). Pourvu de ligules (appendices membraneux de la gaine des Graminées et d'autres plantes, embrassant la tige).

Limbe (n. m.). Partie élargie et aplatie d'une feuille. S'applique aussi à la surface aplatie d'un pétale ou d'un sépale (voir ces mots).

Lobe (n. m.). Chacune des larges divisions d'une feuille, séparées par des découpures souvent profondes, mais ne touchant pas à la nervure médiane de celle-ci.

Lobé(e) (adj.). Qualifie une feuille divisée en lobes. Les feuilles des chênes sont lobées.

M

Mélèzin (n. m.). Peuplement forestier dominé par le mélèze laricin.

Mésique (adj.). Qualifie un sol où la quantité d'eau disponible pour les plantes est moyenne.

Monoïque (adj.). Qualifie une plante dont les fleurs mâles et les fleurs femelles sont portées par le même individu. Voir dioïque.

Monotrope (n. m.). Plante parasite (surtout du pin), presque entièrement blanc jaunâtre, dont les feuilles sont réduites à des écailles. Les fleurs, blanches ou rosées, réunies en grappes, sont pendantes et toutes tournées du même côté.

Mucroné(e) (adj.). Relatif à une structure se terminant brusquement en une pointe courte, raide et acérée (le mucron).

Muscinal(e) (adj.). Qualifie la strate forestière au contact immédiat du sol, caractérisée par l'existence d'un tapis de mousse.

N

Nervation (n. f.). Disposition des nervures d'une feuille.

Nœud (n. m.). Point d'insertion d'une feuille (ou d'une ramification) sur une tige.

Nucule (n. f.). Petite noix renfermant une seule graine. L'ostryer et les bouleaux (famille des Bétulacées) produisent des nucules.

O

Oblong(ue) (adj.). Qualifie une feuille plus longue que large.

Oblancéolé(e) (adj.) Qualifie une feuille lancéolée (voir ce mot) dont la pointe est renversée vers le bas (en forme de fer de lance renversée).

Ombelle (n. f.). Inflorescence (voir ce mot) au sein de laquelle les axes secondaires partent du même point d'insertion sur la tige et se terminent chacun à la même hauteur. L'aralie à tige nue arbore une inflorescence en ombelle.

Opposé(e) (adj.). Qualifie la disposition des feuilles insérées par paire à la même hauteur et de chaque côté d'une tige.

Ovaire (n. m.). Partie inférieure et renflée des carpelles (voir ce mot) d'une fleur contenant les ovules et qui se transforme en fruit après la fécondation.

Ové(e) (adj.). En forme d'œuf.

Ovoïde (adj.). Qualifie une structure ou un organe dont la forme rappelle celle d'un œuf.

Ovule (n. m.). Petit organe renfermé dans l'ovaire qui se transforme en graine après la fécondation.

P

Panicule (n. f.). Inflorescence (voir ce mot) au sein de laquelle les axes secondaires, plus ou moins ramifiés, décroissent en longueur de la base au sommet, donnant à l'ensemble une forme de triangle ou de cône. Le maïanthème à grappes présente une inflorescence en panicule.

Pédicelle (n. m.). Axe secondaire d'une inflorescence (voir ce mot) ; support de chaque fleur quand le pédoncule est ramifié.

Pédoncule (n.m.). Queue d'une fleur solitaire ou axe principal d'une inflorescence (voir ce mot) ramifiée.

Perfolié(e) (adj.). Se dit d'une feuille dont la base enveloppe complètement le rameau qui la porte.

Péricarpe (n. m.). Enveloppe d'un fruit protégeant les graines. Le péricarpe est issu de la transformation des parois de l'ovaire et se compose de trois couches : l'épicarpe, le mésocarpe et l'endocarpe.

Pessière (n. f.). Peuplement forestier dominé par une espèce d'épinette. Ex. : pessière noire, pessière blanche, pessière rouge.

Pétale (n. m.). Chacune des divisions de la corolle (voir ce mot) d'une fleur. Pièce généralement voyante et colorée.

Pétiole (n. m.). Queue de la feuille.

Pétiolule (n. m.). Pétiole des divisions (folioles) d'une feuille composée.

Peupleraie (n. f.). Peuplement forestier dominé par une espèce de peuplier. Ex. : peupleraie à peuplier faux-tremble.

Pinède (n. f.). Peuplement forestier dominé par une espèce de pin. Ex. : pinède blanche, pinède grise, pinède rouge.

Pistil (n. m.). Ensemble des carpelles (voir ce mot) d'une fleur.

Platière (n. f.). Étendue de terrain relativement plane, sans réseau d'écoulement défini des eaux, faisant transition entre un relief et un fond de vallée ou un plan d'eau.

Prucheraie (n. f.). Peuplement forestier dominé par la pruche du Canada.

Ptéridophytes (n. f.). Groupe des plantes vasculaires qui se reproduisent grâce à des spores (voir ce mot), contrairement aux végétaux supérieurs – gymnospermes et angiospermes (voir ces mots) – qui se reproduisent grâce à des graines. Fougères, prêles et lycopodes sont des ptéridophytes (quelque 10 000 espèces dans le monde).

Pubescent(e) (adj.). Qualifie une structure ou un organe recouvert de petits poils fins, mous et lâches.

R

Rachis (n. m.). Nervure centrale du limbe (voir ce mot) d'une fougère, prolongeant le stipe (voir ce mot).

Rayon (n. m.). Pétale (voir ce mot) issu d'une fleur à capitule (composée) (voir ces mots) et placé à la périphérie. Les rayons entourent un groupe central de fleurs tubuleuses (voir ce mot). Chacun des pétales blancs de l'aster acuminé est un rayon.

Récliné(e) (adj.). Courbé vers le bas.

Réniforme (adj.). Se dit d'une structure ou d'un organe en forme de rein.

Rhizome (n. m.). Tige souterraine vivace qui produit chaque année des racines adventives et des tiges aériennes.

Rosette (n. f.). Disposition des feuilles étalées et disposées en cercle.

S

Samare (et disamare) (n. f.). Fruit sec à bord aminci en aile membraneuse et à une seule graine. Frênes et ormes produisent des samares. (La disamare est une samare double; les érables produisent des disamares.)

Sépale (n. m.) Chacune des divisions du calice (voir ce mot) d'une fleur.

Sessile (adj.). Qualifie une structure ou un organe sans queue, sans pétiole ou pédoncule (voir ces mots), inséré directement sur une tige ou un axe.

Simple (adj.). Dans le cas d'une feuille, signifie non composée, c'est-à-dire que les incisions ou sinus, s'il y en a, n'atteignent pas la nervure centrale.

Sinus (n. m.). Échancrure comprise entre les lobes (voir ce mot) d'une feuille.

Sore (n. m.). Regroupement de sporanges (voir ce mot) chez les fougères.

Spadice (n. m.). Chez les Aracées, axe simple, charnu, garni de fleurs sessiles (voir ce mot), et ordinairement entouré d'une spathe.

Spathe (n. f.). Grande bractée (voir ce mot) membraneuse ou foliacée enveloppant certaines inflorescences, entre autres les spadices.

Spatulé(e) (adj.). Qualifie une feuille en forme de spatule. La chimaphile à ombelles arbore des feuilles spatulées.

Sporange (n. m.). Organe en forme de petit sac chez les fougères, les prêles et les lycopodes dans lequel se forment les spores et où celles-ci restent protégées jusqu'à leur dissémination.

Spore (n. f.). Corpuscule unicellulaire ou pluricellulaire produit par les mousses, les lycopodes, les prêles et les fougères, capable après sa dissémination de donner naissance à un nouvel individu.

Spp. Abréviation signifiant *species* (espèces en anglais, au pluriel), servant à désigner un groupe d'espèces, appartenant généralement à un même genre, et pour lequel il est, selon le cas, superflu ou impossible d'être plus précis.

Squamiforme (adj.). Qualifie une structure en forme d'écaille. Les feuilles du thuya ou du lycopode aplati sont squamiformes.

Stigmate (n. m.). Sommet du carpelle (voir ce mot) où adhère, puis germe le pollen.

Stipe (n. m.). Pétiole du limbe (voir ces mots) d'une fougère.

Stipule (n. f.). Petit appendice foliacé se trouvant à la base des feuilles.

Strobile (n. m.). Structure en pointe terminale, en forme d'épi, regroupant les sporanges (voir ce mot) des lycopodes et des prêles.

Style (n. m.). Col allongé au-dessus de l'ovaire servant de support au stigmate et à l'intérieur duquel se trouve le tube pollinique connectant ovaire et stigmate (voir ces mots).

T

Thalle (n. m.). Appareil végétatif des plantes inférieures, c'est-à-dire celles qui ne comportent ni racines, ni tiges, ni feuilles. L'appareil végétatif d'une plante assure sa croissance. Il s'oppose à l'appareil reproducteur. Le thalle est la structure principale des algues, des champignons et des lichens.

Tubuleux (euse) (adj.). Qui est en forme de tube.

V

Vasculaire (adj.). Qualifie une plante pourvue de vaisseaux internes pour la circulation de la sève.

Verticille (n. m.). Disposition circulaire de trois feuilles ou plus (ou autres structures) insérées à la même hauteur sur l'axe qui les porte. La médéole de Virginie et la trientale boréale arborent des feuilles disposées en verticille.

X

Xérique (adj.). Qualifie un sol plutôt aride où l'eau disponible pour les plantes est rare.

Plantes forestières comestibles, toxiques ou urticantes

Plantes comestibles

Arbres

Bouleau jaune: les ramilles – qui renferment du salicylate de méthyle (une substance apparentée à l'acide acétylsalicylique de l'aspirine) – peuvent servir à la confection de tisanes. Il faut toutefois en consommer avec modération ; le salicylate de méthyle est toxique à forte dose. Les enfants de moins de douze ans et les personnes allergiques à l'aspirine doivent s'abstenir d'en consommer.

Chêne blanc: la noix à l'intérieur du gland est douce et moins amère que celle des autres chênes (surtout celle du chêne rouge).

Hêtre à grandes feuilles: les faînes, extraites de leur enveloppe, séchées, torréfiées puis broyées en une mince poudre, peuvent servir à la confection d'un succédané du café.

Noyer cendré: la noix à l'intérieur du brou est délicieuse.

Caryer ovale: l'amande, difficile à extraire, est savoureuse.

Cerisier de Pennsylvanie (petit merisier): le fruit est comestible, mais très acide. Et il faut éviter d'en avaler le noyau.

Cerisier tardif: la cuisson des fruits (plutôt aigres) permet de cuisiner confitures, gelées ou coulis. Il faut éviter de consommer les noyaux (la consommation d'une grande quantité de noyaux peut causer un sérieux empoisonnement).

Tilleul d'Amérique: les fruits ne sont consommés que par les animaux, mais les fleurs séchées peuvent servir à la confection de tisanes.

Petits arbres, arbustes, arbrisseaux et plantes ligneuses

Noisetier à long bec: la noix, cachée à l'intérieur de l'enveloppe pubescente, a une saveur agréable.

Gadellier américain: la cuisson des fruits, juteux et acides, permet de cuisiner confitures, gelées ou coulis.

Aubépines: les fruits, à texture de pomme, deviennent juteux après les premiers gels et peuvent servir à cuisiner confitures, gelées ou coulis.

Amélanchiers: les fruits des amélanchiers sont riches en antioxydants, sucrés et juteux à maturité ; sauf *A. arbora*, dont le fruit est plutôt sec.

Sorbier décoratif: les fruits, amers, doivent être cueillis après les premiers gels d'automne ; leur cuisson permet de cuisiner confitures, gelées ou coulis.

Sorbier d'Amérique: les fruits, amers, doivent être cueillis après les premiers gels d'automne ; leur cuisson permet de cuisiner confitures, gelées ou coulis.

Prunier noir : la prune mûre est plutôt aigre au goût, mais délicieuse après cuisson. Plusieurs fruits ne parviennent toutefois pas à se développer pleinement car ils sont infectés par un champignon.

Cerisier à grappes (cerisier de Virginie) : la drupe est comestible, mais astringente ; elle provoque une sensation d'assèchement de la bouche, de resserrement des gencives ou de contraction des muscles buccaux. Il faut éviter d'avaler le noyau (la consommation d'une grande quantité de noyaux peut causer un sérieux empoisonnement).

Ronce odorante : le fruit est douceâtre, moins juteux et moins sucré que celui du framboisier sauvage.

Ronce du mont Ida (framboisier sauvage) : petits fruits au goût bien connu.

Ronce alléghanienne (mûrier sauvage) : les fruits, sucrés, font une excellente confiture.

Vigne des rivages : le raisin « sauvage » est amer et légèrement acide. Il faut toutefois identifier la plante avec soin et ne pas confondre les fruits de la vigne des rivages avec ceux, toxiques, d'une autre plante ligneuse grimpante qui lui ressemble, le ménisperme du Canada, *Menispermum canadense*. Les feuilles de la vigne sont dentées et à lobes aigus, alors que celles du ménisperme sont entières et à lobes arrondis. De plus, la présence de vrilles (permettant à la vigne de s'attacher aux troncs d'arbres ou arbustes) la distingue du ménisperme qui n'en possède pas.

Bleuet à rameau velouté (airelle fausse-myrtille) : petits fruits au goût bien connu.

Bleuet à feuille dentelée (airelle à feuilles étroites) : petits fruits au goût bien connu.

Gaulthérie petit-thé (chiogène hispide, petit thé) : l'infusion des feuilles peut remplacer le thé, mais ne consommer que de petites quantités à la fois ; à forte dose, le salicylate de méthyle contenu dans la plante (une substance apparentée à l'acide acétylsalicylique de l'aspirine) peut devenir toxique. Les enfants de moins de douze ans et les personnes allergiques à l'aspirine doivent s'abstenir d'en consommer.

Gaulthérie couchée (thé des bois) : l'infusion des feuilles peut remplacer le thé. À consommer avec modération toutefois ; à forte dose, le salicylate de méthyle contenu dans la plante peut devenir toxique. Les enfants de moins de douze ans et les personnes allergiques à l'aspirine doivent s'abstenir d'en consommer.

Sureau blanc (sureau du Canada) : les baies acidulées du sureau blanc sont riches en antioxydants et en vitamines (à maturité) ; à ne pas confondre avec les baies du sureau rouge toutefois qui, sans être toxiques, sont indigestes. Autre mise en garde : les autres parties du sureau blanc (tige, feuilles, racines) sont toxiques.

Viorne trilobée (pimbina) : les fruits, cueillis après les premiers gels d'automne, sont juteux et acidulés.

Viorne comestible : les fruits, cueillis après les premiers gels d'automne, sont juteux et acidulés.

Plantes herbacées

Ronce petit-mûrier (chicoutée) : la baie, pâle et ambrée à maturité, est riche en vitamine C ; peu sucrée, elle se prête bien à la confection de confitures, gelées, coulis ou sirops.

Ronce pubescente : les petits fruits, peu abondants, ont une saveur fort agréable ; à mi-chemin entre la framboise et la mûre.

Cornouiller quatre-temps (quatre-temps) : le fruit est douceâtre à maturité.

Aralie à tige nue (salsepareille) : les petits fruits, noirs à maturité, sont juteux et comestibles. Si leur saveur est forte et plus ou moins intéressante, leur macération permet d'en tirer un vin original.

Médéole de Virginie : les fruits, pourpre foncé à maturité, sont juteux.

Ail des bois (ail trilobé) : le bulbe est comestible, mais l'espèce est très vulnérable à la récolte. Son commerce est interdit au Québec et seule la récolte en petite quantité est permise (un maximum de 50 bulbes par personne/année, et ce, à l'extérieur des aires protégées). Le meilleur geste de conservation demeure toutefois d'éviter toute récolte.

Fougères

Matteuccie fougère-à-l'autruche : les jeunes pousses (crosses) récoltées au printemps peuvent être dégustées une fois bien cuites. Mais attention : 1) l'espèce est désignée vulnérable à la cueillette commerciale au Québec. Cette fougère n'est pas rare et sa disparition n'est pas appréhendée à court terme, mais le prélèvement de grandes quantités de crosses est néfaste pour sa population ; 2) ses jeunes pousses peuvent être confondues avec d'autres fougères toxiques comme l'onoclée sensible ou la fougère-aigle commune.

PLANTES TOXIQUES

Petits arbres, arbustes, arbrisseaux et plantes ligneuses

If du Canada : la graine contenue dans le fruit charnu est toxique (les aiguilles et l'écorce de la plante sont également toxiques).

Dirca bois-de-plomb (dirca des marais) : l'écorce irrite la peau et ne doit surtout pas être mâchée (brûlures buccales) ; les fruits sont également toxiques.

Nerprun cathartique : les fruits ont un puissant effet purgatif.

Vigne vierge commune : des cas d'empoisonnement aux fruits ont été rapportés.

Némopanthe mucroné : l'ingestion des fruits des végétaux du genre *Ilex* cause vomissements et diarrhées.

Houx verticillé : l'ingestion des fruits des végétaux du genre *Ilex* cause vomissements et diarrhées.

Sureau rouge (sureau pubescent) : sans être toxique, la baie du sureau rouge a une saveur peu agréable et est irritante pour l'estomac.

Plantes herbacées

Ancolie du Canada : les graines sont très toxiques.

Actée blanche (actée à gros pédicelles) : l'ingestion de seulement quelques baies provoque maux de tête, crampes, nausées et vomissements.

Actée rouge : baies très toxiques ; une douzaine d'entre elles peuvent entraîner la mort d'un adulte.

Vérâtre vert (tabac du diable) : le vérâtre vert cause, chaque printemps, des intoxications en raison de sa ressemblance superficielle avec l'ail des bois à cette période de l'année.

Cohosh bleu (caulophylle faux-pigamon) : le fruit, très amer, est toxique.

Sceau-de-Salomon pubescent : les fruits causent nausées, vomissements et diarrhées.

Clintonie boréale : fruits appétissants, rappelant un peu les bleuets, mais néanmoins toxiques.

Maïanthème du Canada : sans être toxiques, les fruits de cette plante sont toutefois laxatifs.

Streptope rose : sans être toxiques, les fruits sont toutefois de puissants laxatifs.

Fougères

Onoclée sensible : les jeunes pousses, toxiques, peuvent être facilement confondues avec celles de la matteuccie fougère-à-l'autruche.

Fougère-aigle commune (ptéridium des aigles) : les jeunes pousses, toxiques, peuvent être facilement confondues avec celles de la matteuccie fougère-à-l'autruche.

Plantes urticantes

Le contact avec une ou des parties (feuille, tige, rameau, écorce, etc.) des plantes forestières suivantes peut entraîner démangeaisons, inflammations ou sensations de brûlures sur la peau : **sumac grimpant** (herbe à la puce) ; **ortie du Canada** ; **asaret du Canada** ; **populage des marais** ; **dicentre capuchon-jaune** ; **dicentre capuchon-rose** (dicentre du Canada) ; **apocyn à feuilles d'Androsème** ; **vérâtre vert** (tabac du diable) ; **cypripède jaune** (cypripède soulier) ; **cypripède rose** (cypripède acaule, sabot-de-la-vierge).

Notez que la sensibilité des personnes est très variable ; certaines, au contact de ces plantes ne ressentiront presque rien, tandis que d'autres éprouveront immédiatement des douleurs cutanées. Dans nos régions, le sumac grimpant est la plante qui semble avoir les effets urticants les plus universellement répandus.

Clef d'identification des arbres (été)

On commence toujours par l'étape 1 d'une clef. À chaque étape, on doit choisir l'énoncé qui décrit le mieux la plante à identifier. À chaque énoncé correspond soit le nom d'une plante, soit le numéro d'une étape subséquente dont les énoncés aideront à mieux préciser l'identification.

Les conifères

Aller à...

1.

Feuilles en forme d'aiguille **2**

Feuilles en forme d'écaille **7**

2.

Aiguilles regroupées en faisceaux **3**

Aiguilles non regroupées en faisceaux **8**

3.

Aiguilles en faisceaux de 2, 3 ou 5 aiguilles **4**

Aiguilles en faisceaux de 15 aiguilles ou davantage .... **Mélèze laricin**

4.

Aiguilles en faisceaux de 2 .... **5**

Aiguilles en faisceaux de 3 ou 5 aiguilles **6**

5.

Longues aiguilles (10-16 cm) .... **Pin rouge**

Courtes aiguilles (2-4 cm) .... **Pin gris**

6.

Longues aiguilles (5-15 cm) flexibles en faisceaux de 5 .... **Pin blanc**

Moyennes aiguilles (7-12 cm) tordues en faisceaux de 3 .... **Pin rigide**

7.

Rameaux aplatis s'étalant sur un seul plan horizontal .... **Thuya occidental**

Rameaux arrondis s'étalant dans plusieurs directions .... **Genévrier de Virginie**

8.

Aiguilles quadrangulaires **9**

Aiguilles aplaties **10**

9.

Aiguilles longues (15-22 mm), un peu recourbées, vert bleuâtre
(cônes allongés: 3-6 cm; cylindriques) .... **Épinette blanche**

Aiguilles courtes (8-15 mm), droites et rigides, vert mat
(cônes petits: 2-3 cm; trapus; ovoïdes) .... **Épinette noire**

Aiguilles moyennes (10-16 mm), recourbées, vert lustré
(cônes moyens: 3-5 cm; légèrement ovoïdes; pointus) .... **Épinette rouge**

10.

Petites aiguilles (10-20 mm) molles
et pétiolées sommairement .... **Pruche du Canada**

Grandes aiguilles (15-25 mm) sessiles.................................. **Sapin baumier**

Les feuillus

Aller à...

1.

Feuilles opposées **2**

Feuilles alternes **6**

2.

Feuilles simples **3**

Feuilles composées.. **4**

3.

Feuilles lobées, à sinus profonds, étroits et non dentés
(fleurs apétales, verdâtres et rougeâtres, presque sessiles) ..... **Érable argenté**

Feuilles lobées, à sinus peu profonds, larges et dentés
(fleurs à pétales, rouges, non sessiles)...................................... **Érable rouge**

Feuilles lobées, à grosses dents inégales et à sinus peu profonds,
arrondis et sans dents.. **Érable à sucre**

Feuilles lobées, à rares dents inégales et à sinus peu profonds,
ouverts et arrondis. Apparence flétrie.. **Érable noir**

4.

Folioles lobées... **Érable à feuilles composées**

Folioles non lobées **5**

5.

Folioles non sessiles (aile de la samare, mûre en fin d'été, entourant l'extrémité inférieure de la graine; sols moyennement drainés) .... **Frêne blanc**

Folioles non sessiles (aile de la samare, mûre en début d'été, remontant jusqu'à la moitié de la graine; sols humides et mal drainés) .... **Frêne rouge**

Folioles sessiles; poils aux points d'insertion des folioles (aile de la samare, mûre en fin d'été, entourant complètement la graine; sols humides et très mal drainés) .... **Frêne noir**

6.

Feuilles composées **7**

Feuilles simples **10**

7.

Feuilles de plus de 25 cm de longueur .... **Noyer cendré**

Feuilles de moins de 25 cm de longueur **8**

8.

Feuilles de moins de 15 cm de longueur (13 à 17 folioles) .... **Sorbiers**

Feuilles entre 15 et 25 cm de longueur (5 à 11 folioles) **9**

9.

7 à 11 folioles lancéolées, pétiole pubescent de 15 à 20 cm (tronc gris, plutôt lisse, strié de rainures peu profondes) .... **Caryer cordiforme**

5 à 7 folioles larges, s'atténuant vers les extrémités, pétiole de 15 à 25 cm (tronc s'effilochant en lamelles retroussées) .... **Caryer ovale**

10.

Rameaux portant des épines .... **Aubépines**

Rameaux ne portant pas d'épines **11**

11.

Feuilles lobées **12**

Feuilles non lobées **14**

12.

Lobes pointus .... **Chêne rouge**

Lobes arrondis **13**

13.

Feuilles à lobes étroits (cupule enserrant le quart du gland, à écailles couvertes d'aspérités coriaces ; peu commun : sols secs du sud-ouest du Québec) .... **Chêne blanc**

Feuilles de forme variable, souvent plus larges dans la partie supérieure. Sinus souvent profonds (gland sessile ou presque, cupule frangée enserrant la moitié du gland ou davantage : sols humides et riches des basses terres) .... **Chêne à gros fruits**

Feuilles de forme variable, toujours plus larges dans la partie supérieure. Sinus peu profonds et lobes à pointes un peu arrondies (gland longuement pédonculé, cupule à rebord peu frangé : rivages, marécages ; rare et très localisé dans le sud-ouest du Québec). .... **Chêne bicolore**

14.

Feuilles dont la base est asymétrique **15**

Feuilles dont la base est symétrique **16**

15.

Feuille peu rugueuse (parfois lisse), nervures principales se ramifiant rarement plus de 2 à 3 fois en nervures secondaires (samare ovale et lisse, garnie de poils seulement à son pourtour) .... **Orme d'Amérique**

Feuille très rugueuse se ramifiant fréquemment près de la marge (samare presque ronde, garnie de poils seulement sur l'enveloppe protégeant la graine) .... **Orme rouge**

Feuille lisse, écorce à texture de liège (samare ovale et mince, pubescente sur toutes ses surfaces ; rare et très localisé dans le sud-ouest du Québec) .... **Orme liège**

16.

Feuilles cordiformes .... **Tilleul d'Amérique**

Feuilles très étroites et allongées .... **Saules**

Feuilles ne correspondant pas aux descriptions précédentes **17**

17.

Feuilles dentées **18**

Feuilles doublement dentées **23**

18.

Feuilles à long pétiole
(5 cm et plus, ou plus de la moitié du limbe de la feuille) **19**

Feuilles à pétiole plus court **20**

19.

Feuilles ovales (pétiole cylindrique) .... **Peuplier baumier**

Feuilles ovales ou presque rondes, avec 7 à 15 grandes dents arrondies et inégales de chaque côté (pétiole aplati)........... **Peuplier à grandes dents**

Feuilles ovales, avec 20 à 30 petites dents fines chaque côté (pétiole aplati).. **Peuplier faux-tremble**

Feuilles triangulaires à grosses dents arrondies (pétiole aplati).. **Peuplier deltoïde**

20.

Dents espacées, plutôt acérées et droites.. **21**

Dents serrées, plutôt arrondies et incurvées vers le sommet de la feuille.... **22**

21.

Écorce gris acier et lisse .... **Hêtre à grandes feuilles**

Écorce gris bleuâtre à aspérités verruqueuses........... **Micocoulier occidental**

22.

Écorce écailleuse, brun grisâtre, à plaques uniformes rectangulaires dont les rebords sont retroussés .... **Cerisier tardif**

Écorce mince et lisse, rouge brunâtre, luisante, marquée de lenticelles transversales saillantes, plus pâles............................ **Cerisier de Pennsylvanie**

23.

Feuilles et pétioles pubescents.. **24**

Feuilles et pétioles non pubescents **25**

24.

Arbre à écorce en minces lanières relevées aux extrémités... **Ostryer de Virginie**

Arbuste à écorce lisse, brun rouge, à tiges et rameaux flexibles .... **Noisetier à long bec**

25.

Arbuste à écorce grise et lisse ; tronc ondulant.............. **Charme de Caroline**

Arbre à écorce comme du papier et à lenticelles transversales.................... **26**

26.

Feuilles triangulaires se terminant en une longue pointe .... **Bouleau gris**

Feuilles ovales avec un pétiole plutôt long (écorce blanc rosâtre à maturité).. **Bouleau blanc**

Feuilles ovales avec un pétiole plutôt court (écorce cuivre ou bronze à maturité) .... **Bouleau jaune**

Clef d'identification hivernale des feuillus

Cette clef hivernale permet de reconnaître tous les grands feuillus indigènes du Québec et des Maritimes en l'absence de feuilles, de fleurs ou de fruits (voir la clef d'identification d'été pour les modalités d'emploi d'une clef).

Aller à...

1.

Bourgeons opposées **2**

Bourgeons alternes **9**

2.

Bourgeons terminaux pointus **3**

Bourgeons terminaux arrondis **4**

3.

Rameaux brun rougeâtre lustré, écailles des bourgeons peu pubescentes, sols fertiles et bien drainés, coteaux .... **Érable à sucre**

Rameaux brun rougeâtre mat, écailles des bourgeons nettement pubescentes, sols mal drainés, rare et localisé dans l'extrême sud-ouest du Québec .... **Érable noir**

4.

Écorce à crêtes en forme de losange **5**

Écorce ne correspondant pas à la description précédente **6**

5.

Rameaux plutôt glabres et lustrés, bourgeon terminal plus large que long, sol bien drainés ou mésiques (coteaux et collines) .... **Frêne blanc**

Rameaux duveteux, bourgeon terminal velu, sols mal drainés (basses terres humides) .... **Frêne rouge**

6.

Bourgeon terminal solitaire (paire supérieure des bourgeons latéraux plus ou moins éloignée du bourgeon terminal) .... **Frêne noir**

Bourgeon terminal en « grappe » **7**

7.

Écailles des bourgeons pubescentes .... **Érable à feuilles composées**

Écailles des bourgeons glabres **8**

8.

Rameaux brisés dégageant une odeur désagréable .... **Érable argenté**

Rameaux brisés sans odeur particulière .... **Érable rouge**

9.

Écorce grise et plutôt lisse **10**

Écorce ne correspondant pas à la description précédente **11**

10.

Écorce parfaitement lisse, gris bleu pâle .... **Hêtre à grandes feuilles**

Écorce gris pâle, creusée de sillons jaunâtres ou rougeâtres .... **Caryer cordiforme**

11.

Écorce à plaques ou lamelles retroussées **12**

Écorce ne correspondant pas à la description précédente **13**

12.

Écorce à plaques épaisses, irrégulières mais plutôt rectangulaires .... **Cerisier tardif**

Écorce à lamelles épaisses, longues, étroites et difformes .... **Caryer ovale**

Écorce à lamelles minces, régulières et rectangulaires .... **Ostryer de Virginie**

13.

Écorce gris bleuâtre, parcourue d'aspérités verruqueuses irrégulières .... **Micocoulier occidental**

Écorce ne correspondant pas à la description précédente **14**

14.

Écorce mince, rouge brunâtre foncé, traversée de grosses lenticelles plus pâles .... **Cerisier de Pennsylvanie**

Écorce mince s'exfoliant plus ou moins facilement en lanières **15**

Écorce ne correspondant pas aux descriptions précédentes **16**

15.

Écorce blanc crème à maturité, s'exfoliant facilement en longues lanières épaisses .... **Bouleau blanc**

Écorce bronzé ou cuivré à maturité, ne s'exfoliant pas facilement, rameaux odorants .... **Bouleau jaune**

Écorce blanche ou gris très pâle à maturité, taches triangulaires noires sous les points d'insertion des branches .... **Bouleau gris**

16.

Bourgeons terminaux en « grappe » **17**

Bougeons terminaux solitaires **19**

17.

Bourgeons pointus .... **Chêne rouge**

Bourgeons arrondis **18**

18.

Bourgeons souvent entourés de quelques longues écailles solitaires et pointues, bourgeons latéraux comprimés contre le rameau .... **Chêne à gros fruits**

Bourgeons sans écailles solitaires pointues, bourgeons latéraux s'écartant du rameau, sols bien drainés ou mésiques (coteaux et collines) .... **Chêne blanc**

Bourgeons sans écailles solitaires pointues, bourgeons latéraux s'écartant du rameau, sols mal drainés (basses terres humides), rare .... **Chêne bicolore**

19.

Bourgeons terminaux allongés, un peu aplatis, velus, ovoïdes, jaune pâle .... **Noyer cendré**

Bourgeons terminaux arrondis, rougeâtres, à deux ou trois écailles .... **Tilleul d'Amérique**

Longs bourgeons terminaux (jusqu'à 2,5 cm) en triangle allongé, longuement acuminés, dont la résine dégage une odeur de baume .... **Peuplier baumier**

Longs bourgeons terminaux (jusqu'à 2 cm) en triangle allongé, longuement acuminés, dont la résine ne dégage aucune odeur particulière .... **Peuplier deltoïde**

Bourgeons terminaux ne correspondant pas à la description précédente **20**

20.

Écorce lisse, vert pâle à jaune grisâtre à hauteur de poitrine (pour les jeunes arbres) ou dans la partie supérieure du tronc (pour les individus à maturité) **21**

Écorce ne correspondant pas à la description précédente **22**

21.

Bourgeons brun terne, légèrement duveteux .... **Peuplier à grandes dents**

Bourgeons brun rougeâtre lustré, glabres .... **Peuplier faux-tremble**

22.

Rameaux sinueux, nettement en zigzag .... **Orme d'Amérique**

Rameaux peu sinueux .... **Orme rouge**

Rameaux couverts d'écailles rugueuses, écorce à texture de liège, arbre rare .... **Orme liège**

Port des conifères et des feuillus par famille

Conifères

Genévrier et thuya (Cupressacées)

GENÉVRIER DE VIRGINIE,
p. 86

THUYA OCCIDENTAL,
p. 88

Pins, mélèze, épinettes, pruche et sapin (Pinacées)

PIN BLANC,
p. 90

PIN ROUGE,
p. 92

PIN GRIS,
p. 94

PIN RIGIDE,
p. 96

MÉLÈZE LARICIN,
p. 98

ÉPINETTE BLANCHE, p. 100

ÉPINETTE NOIRE, p. 102

ÉPINETTE ROUGE, p. 104

PRUCHE DU CANADA, p. 106

SAPIN BAUMIER, p. 108

Feuillus à feuilles alternes – simples

Bouleaux et ostryer (Bétulacées)

BOULEAU GRIS, p. 110

BOULEAU BLANC, p. 112

BOULEAU À FEUILLES CORDÉES, p. 114

BOULEAU JAUNE, p. 116

OSTRYER DE VIRGINIE, p. 118

Chênes et hêtre (Fagacées)

CHÊNE ROUGE, p. 120

CHÊNE BICOLORE, p. 122

CHÊNE BLANC, p. 124

CHÊNE À GROS FRUITS, p. 126

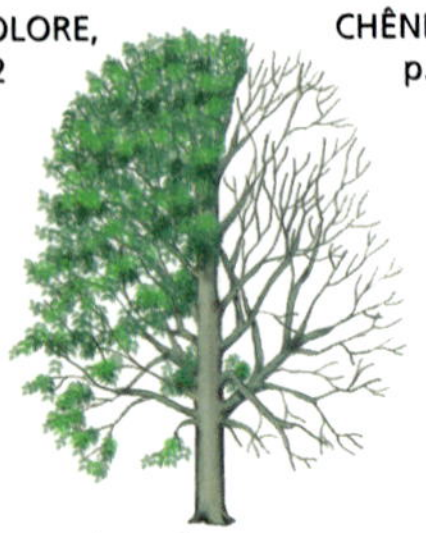
HÊTRE À GRANDES FEUILLES, p. 128

Peupliers et saules (Salicacées)

PEUPLIER BAUMIER, p. 136

PEUPLIER À GRANDES DENTS, p. 138

PEUPLIER FAUX-TREMBLE, p. 140

PEUPLIER DELTOÏDE, p. 142

SAULE À FEUILLES DE PÊCHER, p. 144

SAULE NOIR, p. 146

Ormes et micocoulier (Ulmacées)

ORME D'AMÉRIQUE, p. 148

ORME ROUGE, p. 152

ORME LIÈGE, p. 150

MICOCOULIER OCCIDENTAL, p. 154

Cerisiers (Rosacées)

CERISIER DE PENNSYLVANIE, p. 156

CERISIER TARDIF, p. 158

Tilleul (Tiliacées)

TILLEUL D'AMÉRIQUE, p. 160

FEUILLUS À FEUILLES ALTERNES - COMPOSÉES

Noyer et caryers (Juglandacées)

NOYER CENDRÉ, p. 130

CARYER CORDIFORME, p. 132

CARYER OVALE, p. 134

Feuillus à feuilles opposées - simples

Érables (Acéracées)

ÉRABLE À FEUILLES COMPOSÉES, p. 162

ÉRABLE ARGENTÉ, p. 164

ÉRABLE ROUGE, p. 166

ÉRABLE À SUCRE, p. 168

ÉRABLE NOIR, p.170

Feuillus à feuilles opposées - composées

Frênes (Oléacées)

FRÊNE BLANC, p. 172

FRÊNE ROUGE, p. 174

FRÊNE NOIR, p. 176

Troncs des conifères et des feuillus

Conifères

GENÉVRIER DE VIRGINIE, p. 86

THUYA OCCIDENTAL, p. 88

PIN BLANC, p. 90

PIN ROUGE, p. 92

PIN GRIS, p. 94

PIN RIGIDE, p. 96

MÉLÈZE LARICIN, p. 98

ÉPINETTE BLANCHE, p. 100

ÉPINETTE NOIRE, p. 102

ÉPINETTE ROUGE, p. 104

PRUCHE DU CANADA, p. 106

SAPIN BAUMIER, p. 108

Feuillus

BOULEAU GRIS, p. 110

BOULEAU BLANC, p. 112

BOULEAU À FEUILLES CORDÉES, p. 114

BOULEAU JAUNE, p.116

OSTRYER
DE VIRGINIE,
p. 118

CHÊNE ROUGE,
p. 120

CHÊNE BICOLORE,
p. 122

CHÊNE BLANC,
p. 124

CHÊNE
À GROS FRUITS,
p.126

HÊTRE À
GRANDES FEUILLES,
p. 128

NOYER CENDRÉ,
p. 130

CARYER
CORDIFORME,
p. 132

CARYER OVALE,
p. 134

PEUPLIER BAUMIER,
p. 136

PEUPLIER
À GRANDES DENTS,
p. 138

PEUPLIER
FAUX-TREMBLE,
p.140

PEUPLIER DELTOÏDE,
p.142

SAULE À FEUILLES
DE PÊCHER,
p. 144

SAULE NOIR,
p. 146

ORME D'AMÉRIQUE,
p. 148

ORME LIÈGE,
p. 150

ORME ROUGE,
p. 152

MICOCOULIER OCCIDENTAL,
p. 154

CERISIER DE PENNSYLVANIE,
p. 156

CERISIER TARDIF,
p. 158

TILLEUL D'AMÉRIQUE,
p. 160

ÉRABLE À FEUILLES COMPOSÉES,
p. 162

ÉRABLE ARGENTÉ,
p. 164

ÉRABLE ROUGE,
p. 166

ÉRABLE À SUCRE,
p. 168

ÉRABLE NOIR,
p. 170

FRÊNE BLANC,
p. 172

FRÊNE ROUGE,
p. 174

FRÊNE NOIR,
p. 176

Auteurs des noms scientifiques des plantes citées dans l'ouvrage

Les dates qui suivent les noms sont, suivant l'usage, celles de naissance et de décès des botanistes décédés. Le pays entre parenthèses indique, la plupart du temps, la nationalité du botaniste, mais pas toujours : il s'agit parfois de l'endroit où il a demeuré – et herborisé – le plus longtemps au cours de sa vie.

A

Ait. : AITON, William ; 1731-1793 (Écosse)

Andersson : ANDERSSON, Nils Johann ; 1821-1880 (Suède)

Andrews (S.) : ANDREWS, Susyn (Grande-Bretagne)

B

Barton : BARTON, Benjamin Smith ; 1766-1815 (États-Unis)

Bartr. : BARTRAM, William ; 1739-1823 (États-Unis)

Bernh. : BERNHARDI, Johann Jacob ; 1774-1850 (Allemagne)

Bigel. : BIGELOW, Jacob ; 1787-1879 (États-Unis)

Britton : BRITTON, Nathaniel Lord ; 1859-1934 (États-Unis)

BSP : BRITTON, Nathaniel Lord ; 1859-1934 (États-Unis) ; STERNS, Emerson Ellick ; 1846-1926 (États-Unis) et POGGENBURG, Justus Ferdinand ; 1840-1893 (États-Unis)

C

Calder & Roy L. Taylor : CALDER, James A. ; 1915-1990 (Canada) et TAYLOR, Roy L. (États-Unis)

Carr. : CARRIÈRE, Élie Abel ; 1816-1896 (France)

Cass. : CASSINI, Alexandre Henri Gabriel ; 1781-1832 (France)

Chaix : CHAIX, Dominique ; 1730-1799 (France)

Clarke : CLARKE, Charles Baron ; 1832-1906 (Grande-Bretagne)

Clausen (R. T.) : CLAUSEN, Robert Theodore (États-Unis)

Coult. : COULTER, John Merle ; 1851-1928 (États-Unis)

Cronq. : CRONQUIST, Arthur John ; 1919-1992 (États-Unis)

D

DC. : DE CANDOLLE, Angustin Pyrame ; 1778-1841 (Suisse)

Desf. : DESFONTAINES, René Louiche ; 1750-1833 (France)

Desv. : DESVAUX, Augustin Nicaise ; 1784-1856 (France)

Dippel : DIPPEL, Leopold ; 1827-1914 (Allemagne)

Du Roi : DU ROI, Johann Philipp ; 1741-1785 (Allemagne)

Dryander : DRYANDER, Jonas Carlsson ; 1748-1810 (Suède)

E

Ehrh. : EHRHART, Jakob Friedrich ; 1742-1795 (Suisse)

Ell. : ELLIOT, Stephen ; 1771-1830 (États-Unis)

Engelm. : ENGELMANN, George ; 1809-1884 (États-Unis)

F

Fern. : FERNALD, Merritt Lyndon ; 1873-1950 (États-Unis)

Focke : FOCKE, Wilhelm Olbers : 1834-1922 (Allemagne)

Fries : FRIES, Elias Magnus ; 1794-1878 (Suède)

Fritsch : FRITSCH, Karl ; 1864-1934 (Autriche)

G

Goldie : GOLDIE, John ; 1793-1886 (Écosse)

Grauer : GRAUER, Sebastian ; 1758-1820 (Allemagne)

Gray (A.) : GRAY, Asa ; 1810-1888 (États-Unis)

Greene : GREENE, Edward Lee ; 1842-1915 (États-Unis)

H

Hill : HILL, Ellsworth Jerome ; 1833-1917 (États-Unis)

Holub : HOLUB, Josef ; 1930-1999 (République tchèque)

House : HOUSE, Homer Doliver ; 1878-1949 (États-Unis)

J

Judd (W. S.) : JUDD, Walter S. (États-Unis)

K

Ker Gawl. : KER GAWLER, John Bellenden ; 1764-1842 (Grande-Bretagne)

Kerner (A.) : KERNER, Anton von Marilaun ; 1831-1898 (Autriche)

King : KING, Robert Merril (États-Unis)

Knight (O. W.) : KNIGHT, Ora Willis ; 1874-1913 (États-Unis)

Koch (K.) : KOCH, Karl Heinrich Emil ; 1809-1879 (Allemagne)

Kron (K. A.) : KRON, Kathleen A. (États-Unis)

Kuhn : KUHN, Adam ; 1741-1817 (États-Unis)

Kuntze : KUNTZE, Carl Ernst Otto ; 1843-1907 (Allemagne)

L

L. : LINNÉ, Carl von ; 1707-1778 (Suède)

L. f. : LINNÉ, Carl von (fils) ; 1741-1783 (Suède)

Lam. : LAMARCK, Jean-Baptiste Pierre Antoine de Monet, chevalier de ; 1744-1829 (France)

Lamb. : LAMBERT, Aylmer Bourke ; 1761-1842 (Grande-Bretagne)

Lamont (E. E.) : LAMONT, Éric E. (États-Unis)

Lawson (G.) : LAWSON, George ; 1827-1895 (Canada)

Link : LINK, Johann Heinrich Friedrich ; 1767-1851 (Allemagne)

Löve & Löve : LÖVE, Askell ; 1916-1994 (Islande) et LÖVE, Doris Benta Maria ; 1918-2000 (Suède)

M

Marsh. : MARSHALL, Humphrey ; 1722-1801 (États-Unis)

Meerb. : MEERBURG, Nicolaas ; 1734-1814 (Pays-Bas)

Mertens : MERTENS, Franz Karl ; 1764-1831 (Allemagne)

Michx. : MICHAUX, André ; 1746-1802 (France)

Michx. f. : MICHAUX, François André (fils d'André Michaux) ; 1770-1855 (France)

Mill. : MILLER, Philip ; 1691-1771 (Grande-Bretagne)

Moench : MOENCH, Conrad ; 1744-1805 (Allemagne)

Moore (T.) : MOORE, Thomas ; 1821-1887 (Grande-Bretagne)

Morton (C. V.) : MORTON, Conrad Vernon ; 1905-1972 (États-Unis)

Mühl. : MÜHLENBERG, Gotthilf Heinrich Ernst ; 1753-1815 (États-Unis)

N

Nesom (G. L.) : NESOM, Guy L. (États-Unis)

Newman : NEWMAN, Edward ; 1801-1876 (Grande-Bretagne)

Nieuwland : NIEUWLAND, Julius Aloysius ; 1878-1936 (États-Unis)

Nutt. : NUTTAL, Thomas ; 1786-1859 (États-Unis)

O

Oeder : OEDER, Georg Christian von ; 1728-1791 (Danemark)

P

Porter : PORTER, Thomas Conrad ; 1822-1901 (États-Unis)

Powell (M.) : POWELL, Martyn (Grande-Bretagne)

Pursh : PURSH, Frederick Traugott ; 1774-1820 (Allemagne)

R

Raf. : RAFINESQUE-SCHMALTZ, Constantine Samuel ; 1783-1840 (États-Unis)

Regel : REGEL, Eduard August von ; 1815-1892 (Allemagne)

Reveal : REVEAL, James L. (États-Unis)

Robins. (H. E.) : ROBINSON, Harold E. (États-Unis)

Roth : ROTH, Albrecht Wilhelm ; 1757-1834 (Allemagne)

Rothmaler : ROTHMALER, Werner ; 1908-1962 (Allemagne)

S

Salisb. : SALISBURY, Richard Anthony ; 1761-1829 (Grande-Bretagne)

Sarg. : SARGENT, Charles Sprague ; 1841-1927 (États-Unis)

Savolainen (V.) : SAVOLAINEN, Vincent (Suisse)

Schneid. : SCHNEIDER, Camillo Karl ; 1876-1951 (Allemagne)

Schott : SCHOTT, Heinrich Wilhelm ; 1794-1865 (Autriche)

Smith : SMITH, James Edward ; 1759-1828 (Allemagne)

Sudworth : SUDWORTH, George Bishop ; 1864-1927 (États-Unis)

T

Todaro : TODARO, Agostino ; 1818-1892 (Italie)

Torr. : TORREY, John ; 1796-1873 (États-Unis)

Turr. : TURRILL, William Bertram ; 1890-1961 (Grande-Bretagne)

U

Underwood : UNDERWOOD, Lucien Marcus ; 1853-1907 (États-Unis)

V

Voss : VOSS, Andreas ; 1857-1924 (Allemagne)

W

Walp. : WALPERS, Wilhelm Gerhard ; 1816-1853 (Allemagne)

Walt. : WALTER, Thomas ; 1740-1789 (États-Unis)

Wang. : WANGENHEIM, Friedrich Adam Julius von ; 1747-1800 (Allemagne)

Watt : WATT, Alexander Stuart ; 1892-1985 (Grande-Bretagne)

Wedd. : WEDDEL, Hugh d'Algernon ; 1819-1877 (Grande-Bretagne)

Willd. : WILLDENOW, Karl Ludwig von ; 1765-1812 (Allemagne)

Références

Barbour, M. G. *et al.* 1999. *Terrestrial Plant Ecology.* 3e éd. Benjamin/Cummings, Menlo Park (Californie).

Barnes, B. V. *et al.* 1980. *Forest Ecology.* 4e éd. John Wiley & Sons, New York.

Bergeron, Y., Leduc, A., Harvey, B. et Gauthier, S. 2002. « Natural fire regime : a guide for sustainable management of the canadian boreal forest ». *Sylva-Fennica* 36 : 81-95.

Bergeron, Y., Gauthier, S., Kafka, V., Lefort, P. et Lesieur, D. 2001. « Natural fire frequency for the eastern Canadian boreal forest : consequences for sustainable forestry ». *Canadian Journal of Forest Research* 31 : 384-391.

Bergeron, Y., Harvey, B., Leduc, A. et Gauthier, S. 1999. « Forest management guidelines based on natural disturbance dynamics : stand and forest-level considerations ». *Forestry Chronicle* 75 : 1-6.

Bergeron, Y., Richard, P.J.H., Carcaillet, C., Gauthier, S., Flannigan, M. et Prairie, Y.T. 1998. « Variability in fire frequency and forest composition in Canada's southeastern boreal forest : a challenge for sustainable forest management ». *Cons. Ecol. (online)* 2.

Boudreault, C. 2001. « Facteurs-clés pour le maintien de la diversité des lichens épiphytes ». *Le naturaliste canadien* 125 : 175-179.

Burzynski, M. et Haworth, A. 1988. *Flore forestière de la côte de Fundy.* Guilde de Fundy, Alma (Nouveau-Brunswick).

Camiré, C. *et al.* 1996. *Géologie, dépôts de surface et sols forestiers.* Dans *Manuel de foresterie.* Les Presses de l'Université Laval et l'Ordre des ingénieurs forestiers du Québec. pp. 9-95.

Croisetière, M.-H. 2006. « Flore antioxydante du Québec ». *Quatre-Temps* 30 (1) : 12-33.

Drapeau, P., Leduc, A., Savard, J-P. et Bergeron, Y. 2001. « Les oiseaux forestiers, des indicateurs des changements des mosaïques forestières boréales ». *Le naturaliste canadien* 125 : 41-46.

Drapeau, P., Leduc, A., Bergeron, Y., Gauthier, S. et Savard, J-P. 2003. « Les communautés d'oiseaux des vieilles forêts de la pessière à mousses de la ceinture d'argile : Problèmes et solutions face à l'aménagement forestier ». *Forestry Chronicle* 79 : 531-540.

Essen, P.A., Ehnström, B., Ericson, L. et Sjöberg, K. 1997. « Boreal forests ». *Ecological Bulletin* 46 : 16-47.

FARR, K. 2003. *Les forêts du Canada.* Service canadien des forêts, Ottawa.

FARRAR, J. L. 1995. *Les arbres du Canada.* Fides et Service canadien des forêts, Ottawa.

GAGNON, D. 2004. *La forêt naturelle du Québec : un survol.* Rapport préparé pour la Commission d'étude sur la gestion de la forêt publique québécoise, ministère des Ressources naturelles et de la Faune, Québec.

GAUTHIER, R. 2001. « Les sphaignes boréales ». *Le naturaliste canadien* 125 : 180-185.

GRONDIN, P. *et al.* 1996. *Écologie forestière.* Dans *Manuel de foresterie.* Les Presses de l'Université Laval et l'Ordre des ingénieurs forestiers du Québec. pp. 133-279.

HANDFIELD, L. 1999. *Le guide des papillons du Québec.* Broquet, La Prairie (Québec).

KRAMER, P. J. et KOZLOWSKI, T. T. 1960. *Physiology of trees.* McGraw-Hill, New York.

LAMOUREUX, G. 2002. *Flore printanière.* Collaboration à la photographie : R. Larose. Groupe Fleurbec, Saint-Henri-de-Lévis (Québec).

LAMOUREUX, G. *et al.* 1993. *Fougères, prêles et lycopodes.* Groupe Fleurbec, Saint-Henri-de-Lévis (Québec).

LEBOEUF, M. 2005. *Découvrir les oiseaux du Québec et des Maritimes.* Éditions Michel Quintin, Waterloo (Québec).

LEBOEUF, M., DRAPEAU, P., IMBEAU, L. et DARVEAU, M. 2002. « Silence, on coupe : la foresterie et les oiseaux ». *QuébecOiseaux* 14 (1) : 12-23.

MARIE-VICTORIN, FRÈRE. 1995. *Flore laurentienne.* 3e éd. Les Presses de l'Université de Montréal, Montréal.

PICHERSKY, E. 2004. « Plant scents ». *American Scientist* 92 : 514-521.

PRESCOTT, J. et RICHARD, P. 2004. *Mammifères du Québec et de l'Est du Canada.* 2e éd. Éditions Michel Quintin, Waterloo (Québec).

RITCHIE, G. A. 2004. *Un guide sur les arbres des Maritimes.* Service canadien des forêts, Fredericton.

ROULEAU, R. *et al.* 1990. *Petite flore forestière du Québec.* 2e éd. rev. et augm. Les publications du Québec, Québec.

SAUCIER, J.-P. *et al.* 1998. *Les zones de végétation et les domaines bioclimatiques du Québec.* Ministère des Ressources naturelles et de la Faune du Québec, Comité sur les cartes des régions écologiques, Québec.

Index

A

B

C

G

H

I

J

P

Q

R

S

T

U

V

W

Y

GUIDES
NATURE QUINTIN

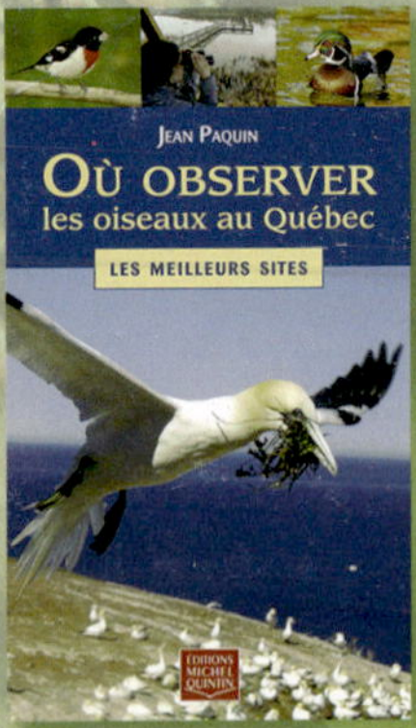

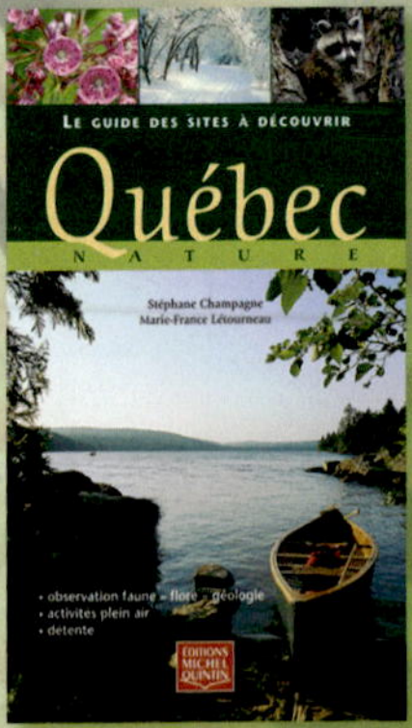

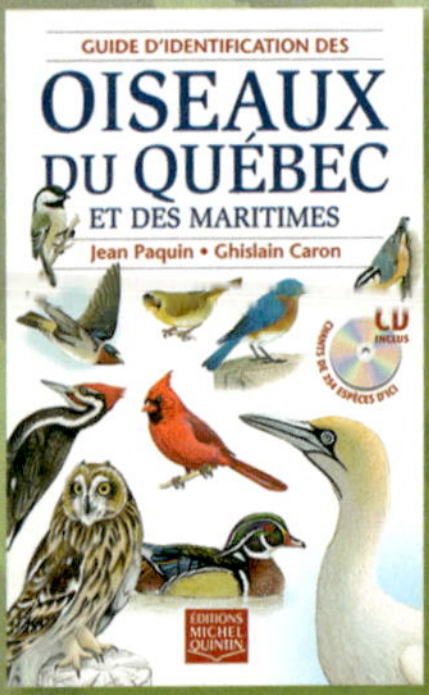

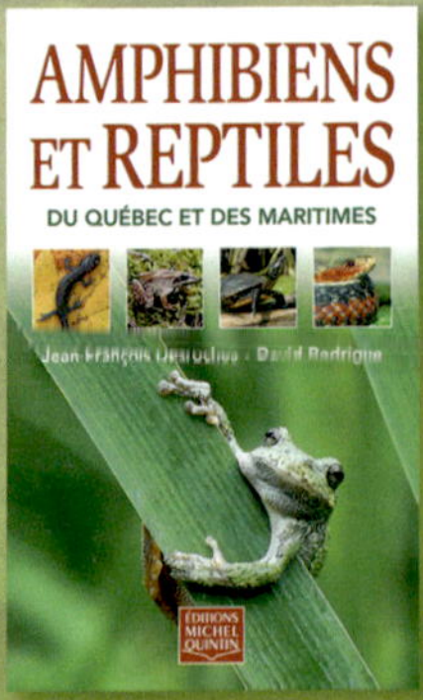

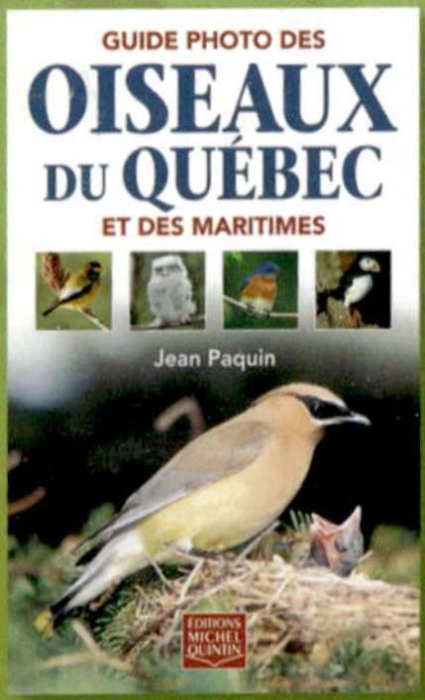

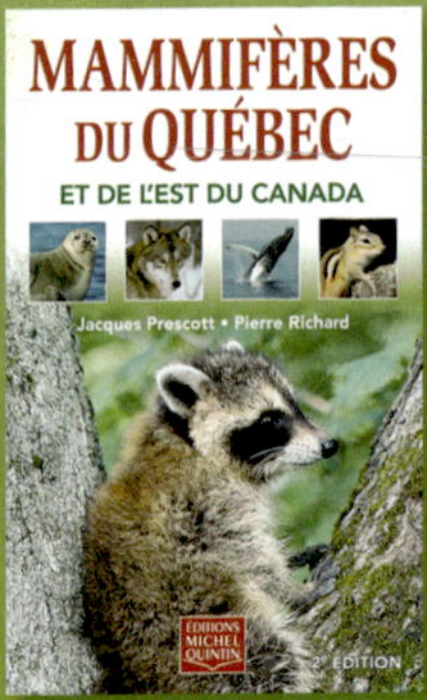